生死學叢書——傅偉勳 主編

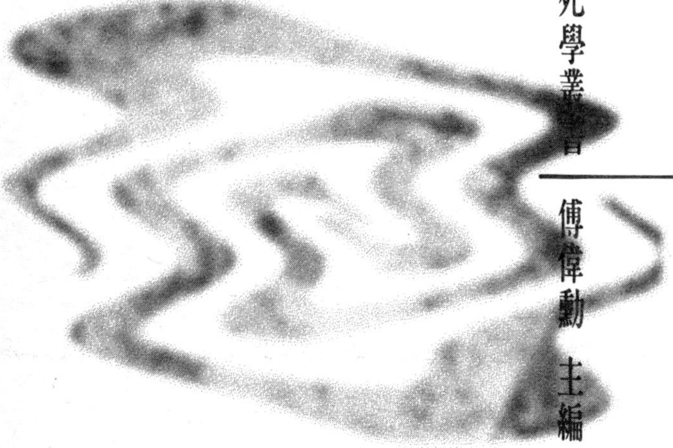

生命的終結

——死亡之準備與希望

阿爾芬思・德根　早川一光
寺本松野　季羽倭文子 著
林雪婷 譯

東大圖書公司

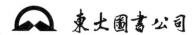

國家圖書館出版品預行編目資料

生命的終結：死亡之準備與希望／阿爾芬思・德根，早川一光，寺本松野，季羽倭文子著；林雪婷譯.--初版.-- 臺北市：東大發行；三民總經銷，民86
面　：公分.--(生死學叢書)
ISBN 957-19-2090-8 (平裝)

1.臨終關懷　2.死亡-教育

397.18　　86003107

國際網路位址　http://sanmin.com.tw

© 生命的終結
——死亡之準備與希望

著作人　阿爾芬思・德根　早川一光
　　　　寺本松野　季羽倭文子
譯　者　林雪婷
發行人　劉仲文
著作財產權人　東大圖書股份有限公司
　　　　臺北市復興北路三八六號
發行所　東大圖書股份有限公司
　　　　地　址／臺北市復興北路三八六號
　　　　電　話／五〇〇六六〇〇
　　　　郵　撥／〇一〇七一七五－〇號
印刷所　東大圖書股份有限公司
總經銷　三民書局股份有限公司
門市部　復北店／臺北市復興北路三八六號
　　　　重南店／臺北市重慶南路一段六十一號
初　版　中華民國八十六年四月
編　號　E 19028
基本定價　貳元陸角
行政院新聞局登記證局版臺業字第〇一九七號

ISBN 957-19-2090-8 (平裝)

「生死學叢書」總序

兩年多前我根據剛患淋巴腺癌而險過生死大關的親身體驗，以及在敝校（美國費城州立天普大學宗教學系所講授死亡教育(death education)課程的十年教學經驗，出版了《死亡的尊嚴與生命的尊嚴——從臨終精神醫學到現代生死學》一書，經由老友楊國樞教授等名流學者的強力推介，與臺北各大報章雜誌的大事報導，無形中成為推動我國死亡學(thanatology)或生死學(life-and-death studies)探索暨死亡教育運動的催化「經典之作」（引報章語），榮獲《聯合報》「讀書人」該年度非文學類最佳書獎，而我自己也獲得「死亡學大師」（《中國時報》）、「生死學大師」（《金石堂月報》）之類的奇妙頭銜，令我受寵若驚。

拙著所引起的讀者興趣與社會關注，似乎象徵著，我國已從高度的經濟發展與物質生活的片面提高，轉進開創（超世俗的）精神文化的準備階段，而國人似乎也開始悟覺到，涉及死亡問題或生死問題的高度精神性甚至宗教性探索的重大生命意義。這未嘗不是令人感到可喜可賀的社會文化嶄新趨勢。

配合此一趨勢，由具有基督教背景的馬偕醫院以及安寧照顧基金會所帶頭的安寧照顧運動，有了較有規模的進一步發展，而具有佛教背景的慈濟醫院與國泰醫院也隨後開始鼓動臨終關懷的重視關注。我自己也前後應邀，在馬偕醫院、雙蓮教會、慈濟醫院、國泰集團籌備的臨終關懷基金會第一屆募款大會、臺大醫學院、成功大學醫學院等處，環繞著醫療體制暨醫學教育改革課題，作了多次專題主講，特別強調於此世紀之交，轉化救治(cure)本位的傳統醫療觀為關懷照顧(care)本位的新時代醫療觀的迫切性。

在高等學府方面，國樞兄與余德慧教授（《張老師月刊》總編輯）也在臺大響應我對生死學探索與死亡教育的提倡，首度合開一門生死學課程。據報紙所載，選課學生極其踴躍，居然爆滿，出乎我們意料之外，與我五年前在成大文學院講堂專講死亡問題時，十分鐘內三分之一左右的聽眾中途離席的情景相比，令我感受良深。臺大生死學開課成功的盛況，也觸發了成功大學等校開設此一課程的機緣，相信在不久的將來，會與宗教（學）教育、通識教育等等，共同形成在人文社會科學課程與研究不可或缺的熱門學科。

我個人的生死學探索已跳過上述拙著較有個體死亡學(individual thanatology)偏重意味的初步階段，進入了「生死學三部曲」的思維高階段。根據我的新近著想，廣義的生死學應該包括以下三項。第一項是面對人類共同命運的死之挑戰，表現愛之關懷的（我在此刻所要強調的)「共命死亡學」(destiny-shared thanatology),探索內容極為廣泛,至少包括(涉及自殺、死刑、安樂死等等)死亡問題的法律學、倫理學探討,醫療倫理(學)、醫院體制暨醫學教育改革課題探討,(具有我國本土特色的)臨終精神醫學暨精神治療發展課題之研究,老齡化社會的福利政策及公益事業,死者遺囑的心理調節與精神安慰,「死亡美學」、「死亡文學」以及「死亡藝術」的領域開拓,(涉及腦死、植物人狀態的)「死亡」定義探討,有關死亡現象與觀念以及(有關墓葬等)死亡風俗的文化人類學、比較民俗學、比較神話學、比較宗教學、比較哲學、社會學等種種探索進路,不勝枚舉。

第二項是環繞著死後生命或死後世界奧祕探索的種種進路,至少包括神話學、宗教(學)、文學藝術、(超)心理學、科學宇宙觀、民間宗教(學)、文化人類學、比較文化學,以及哲學考察等等的進路。此類不同進路當可構成具有新世紀科際整合意味的探索理路。近二十年來愈行愈盛的歐美「新時代」(New Age)宗教運動、日本新(興)宗教運動,乃至臺灣當前的種種民間宗教活動盛況等等,都顯示著,隨著世俗界生活水準的提高改善,人類對於死後生命或死後世界(不論有否)的好奇與探索興趣有增無減,我們在下一世紀或許能夠獲致較有「突破性」的探索成果出來。

第三項是以「愛」的表現貫穿「生」與「死」的生死學探索,即從「死亡學」(狹義的生死學）轉到「生命學」，面對死的挑戰，重新肯定每一單獨實存的生命尊嚴與價值意義，而以「愛」的教育幫助每一單獨實存建立健全有益的生死觀與生死智慧。為此，現代人的生死學探索應該包括古今中外的典範人物有關生死學與生死智慧的言行研究，具有生死學深度的文學藝術作品研究，「生死美學」、「生死文學」、「生死哲學」等等的領域開拓，對於「後傳統」(post-traditional)的「宗教」本質與意義的深層探討等等。我認為，通過此類生死學的種種探索，我們應可建立適應我國本土的新世紀「心性體認本位」生死觀與生死智慧出來，有待我們大家共同探索，彼此分享。

依照上面所列三大項現代生死學的探索，這套叢書將以引介歐美日等先進國家有關死亡學或生死學的有益書籍為主，亦可收入本國學者較有份量的有關著作。本來已有兩三家出版商請我籌劃生死學叢書，但我再三考慮之後，主動向東大圖書公司董事長劉振強先生提出我的企劃。振強兄是多年來的出版界好友，深信我的叢書企劃有益於我國精神文化的創新發展，就立即很慷慨地點頭同意，對此我衷心表示敬意。

我已決定正式加入行將開辦的佛光大學人文社會科學學院教授陣容。籌備校長龔鵬程教授屢次促我企劃，可以算是世界第一所的生死學研究所(Institute of Life-and-Death Studies)之設立。希望生死學研究所及其有關的未來學術書刊出版，與我主編的此套生死學叢書兩相配合，推動我國此岸本土以及海峽彼岸開創新世紀生死學的探索理路出來。

一九九五年九月二十四日傅偉勳序於
中央研究院文哲所（研究講座訪問期間）

「生死學叢書」出版說明

本叢書由傅偉勳教授於民國八十四年九月為本公司策劃，旨在譯介歐美日等國有關生死學的重要著作，以為國內研究之參考。傅教授從百餘種相關著作中，精挑二十餘種，內容涵蓋生死學各個層面，期望能提供最完整的生死學研究之參考。傅教授一生熱心學術，對推動國內的生死學研究風氣，更是不遺餘力，貢獻良多。不幸他竟於民國八十五年十月十五日遽爾謝世，未能親見本叢書之全部完成。茲值本書出版之際，謹在此表達我們對他無限的景仰與懷念。

東大圖書公司編輯部　謹啟

序文

「思考醫療與宗教協會」創立於昭和五十九年十二月；在此之前，日本醫學界不曾把屬於科學領域的醫學和宗教一同思考。

十年前日本醫學界開始研究「臨床死亡」，此後，不僅是研究會會員，舉凡醫生、護士以及其他醫護人員也都開始透過死亡來了解生命。

「醫療與宗教協會」是由全國重視宗教功能的醫生、護士、社工人員與佛教、基督教、神道等各派宗教家共同創立，他們期待以更寬廣的角度去思考生與死的問題。

本書中所蒐集的論文皆是以生死與宗教醫療的角度所寫成；在每個月的聚會中發表，我想這大概是日本最先以這類主題為文的出版品吧！相信此書將帶給一向對生命採取冷漠態度的醫學界以及和醫學界毫不相容的宗教界帶來一大衝擊，更期待透過此書提供日本醫學界一大新方向。

聖路加看護大學校長

日野原　重明

生命的終結

——死亡之準備與希望

目次

死亡準備教育

阿爾芬思・德根

一、死亡準備教育之意義

我們先談談以下三大主題。

首先是「死亡準備教育之意義及其四大階段」，第二大主題是「死亡準備教育之十五大目標」，我曾經在「死亡準備教育」系列叢書中談過這些問題，可能有人已經詳讀過，但是以下所談的並非以前的內容，而是我近半年來造訪歐洲、美國等地的收容所之發現與體驗，想利用這次機會和各位分享。第三大主題是「死亡教育中的醫療與幽默」。接下來我們就分別來討論這三點。

何謂「死亡準備教育」？

我們先從死亡準備教育談起。

去年八月起，我花了大約半年的時間在波蘭、西德、英國、美國等地從事研究。由於這次的研究使得我有機會由另一個角度觀察日本，進而發現日本教育制度可貴之處。

但是，在如此完備的教育體制中，卻缺少了一大重點——死亡準備教育。

現今的歐洲，例如我的祖國西德，有一套專門為國中生、高中生設計的死亡教育課程；又如美國的國中、高中、大學中也有死亡教育的課程；由此看來，歐美人士將死亡教育視為教育的必備課程，甚至可以說是一大教育重點。

或許有人會說「既然註定要死，何必要事先準備？」、「談什麼死亡教育，一聽就令人毛骨悚然」等等，我必須對有這種看法的人提出一些解釋。

當我們開始做一份新工作或參加考試之前，一定會為了能夠稱職或通過考試而努力準備一番；在漫長的一生當中，最大、最艱難的考驗莫過於「死亡」，換個角度來說，當我們面對人生重大考驗之際，何以能毫無準備就去面對呢？這不是很矛盾嗎？

何況每個人都不知道自己何時將面對死亡，因為死亡多是事出突然；當醫生對自己宣告即將死亡或者意識到自己患有不治之症時，如果完全沒有迎接死亡的心理準備，豈不是讓自己手足無措，精神上的折磨也將隨之而來；因此為了緩和死亡所帶來的精神折磨以及不必要的緊張，在日常生活中就應該要有坦然面對死亡的心理準備。

社會上完全漠視死亡的作法，對即將瀕臨死亡的病患而言是不負責任的，甚至可以說是殘忍的，因此我認為日本的國中、高中、大學等應該儘早在生涯教育中加入死亡教育的課程，讓全體國民學習有關死亡的必備知識。

邁向更美好的「人生」

一提到死亡教育，很多人就會有種不好的預兆，好像自己即將面對死亡。即使我們的生命正當健康、年輕，仍然隨時可能面對死亡。因此，應該把握有限生命中的每一刻，更加尊重生命才對。

所謂的死亡教育並非單指死亡的問題，同時也包括「人生教育」；換句話說，唯有在探討死亡問題時才可能意識、體會到生命的可貴以及時間的珍貴，所以死亡教育絕對不是一個晦暗的議題。

正因為這種想法，促使我這幾年來一直在大學裡開一門關於死亡哲學的課程，每學期的第一堂課我一定會強調「死亡哲學同時也是生命哲學」的概念。

總之我期望各位能了解我所謂的死亡教育即是人生教育；唯有透過討論死亡才能使我們的生活更加美好。

死亡準備教育之特徵

相較於其他教育課程，死亡教育是一門相當獨特的學問。諸如物理、數學等學科只需要靠理解，完全不包含感情上的因素；但是學習或教導死亡教育時，並非光靠頭腦理解即可。

死亡教育包括以下四個層面：

a．第一層面「關於死亡的知識」

第一是屬於「傳達專門知識的層面」。把死亡當成是一門學問，就像是理解物理數學一樣，並且將之體系化。最近市面上也出現很多關於死亡知識的書籍。

我最近開始籌劃出版一本有關死亡知識書籍的文獻總覽，蒐集以日文、英文、德文、法文所出版的各種有關死亡的書籍共三千多冊，並且附上各書的短評，這是一件相當浩大的工作，但是基於死亡書籍的日新月異以及死亡教育已成為一個重要的研究課題，這個工作已是刻不容緩。

不久前我在紀伊國書店看到一個「思考死亡」的主題書展，書店挪出一大角落擺放有關死亡的書籍，令我大吃一驚；另外在八重洲的某一書店三樓也有類似的書展，而且所有的書籍都是以日文出版，著實令我訝異萬分。

最近二十年來，死亡已逐漸被當成一個專門的研究課題，醫生、護士、社工人員、心理學家、社會學者、甚至於哲學家、神學家等等也都站在各自的立場和角度去研究有關死亡的種種問題；同時他們為了能提供病患更好的幫助，不吝於將自己多年的研究成果發表出來，與社會各界探討臨終看護與收容看護等實質的議題。

人類有史以來不曾如此詳盡地研究過「生死學」，就某種意義上來說，生於現代的我們受惠良多，就知識傳達的層面來說，這點具有相當大的意義。同時，製作一些如何選擇書籍的資料庫也是不可忽視的一環。

b．第二層面「重建自我價值觀」

第二層面是釐清自我價值。我們必須了解：即使讀完所有關於死亡的書，擁有豐富的知識仍不足以了解死亡；當一個人在面對死亡時，緊接著而來的是「價值」的問題，因此清晰地考慮自我價值、重建自我價值觀在死亡教育中是個重點，同時也是死亡教育的目的之一。

舉個具體的問題來說，延命治療、積極的安樂死、消極的安樂死、死亡的定義等問題，甚至於腦死、器官移植等周旋在生死之間所引發的種種爭執，當我們要做判斷時，必定會考慮到人的生存價值，並且極力思考「何種選擇最有利」。

c．第三層面「超脫不安及恐懼的情緒」

第三個層面則是屬於感情、情緒的問題。

我們有必要從感情、情緒的角度來看待死亡問題；當在座的各位問及「什麼是死亡」的問題時，就已經牽扯到感情的因素了。

可能多數的醫生僅以現今工作上的知識來看待死亡，也就是說，與其將死亡當成情緒上的問題，醫生們寧願將之學問化、概念化，我猜在座的各位必定有不少人有這種想法。

但是對於一個近半年內失去親人、朋友的人，或者目前伴侶、母親正罹患末期癌症的人而言，在不得已的情況下面對死亡問題時，他們在情緒上一定有相當強烈的恐懼與不安。

因此在實施死亡準備教育時，必須要兼顧即將面臨死亡的一方以及被迫接受死亡之親友雙方面的情緒、態度。

去年我到歐美從事研究期間正巧看到一份有關死亡的調查報告，資料中顯示美國醫生比一般國民更害怕死亡，這是一個值得玩味的現象。如果連醫生都無法解決自己對於死亡的情緒問題，在他面對臨終病患時將會產生更多的障礙。

如果醫生對於死亡有過多的恐懼，那麼他勢必無法和末期癌症病患談論死亡；例如病患會問：「我真的是末期癌症？」、「我快死了吧？」等問題，醫生如果不能正視死亡，他將會因為自己的情緒反應（即對於死亡的恐懼）而無法立即應對，只好以「沒事，你的狀況很樂觀」等等藉口搪塞，以逃避有關死亡的對話。

d．第四層面「與癌症末期病患接觸的技巧」

第四層面屬於技巧學習的階段。

具體而言，即是學習如何與末期患者接觸、如何與患者溝通的技巧與方法，同時也必須學習如何符合病患的需要，這些並非知識，而是技巧上的問題。

總之，當我們實施死亡準備教育時，必須注意到以上所提的四大層面：知識傳達、價值觀的釐清、情緒問題以及技巧。

二、死亡準備教育之十五大目標

接下來進入第二個主題：死亡準備教育之十五大目標。

我希望各位能夠充分理解先前第一章所說的何謂死亡準備教育及其重要性。

死亡準備教育的目的何在？它究竟可以教我們什麼？有關這幾個問題我已經在先前的著作中詳細解釋過，所以今天儘量不加重複，希望能告訴各位一些新的觀念。

滿足患者多種需求——第一目標

死亡準備教育的第一個目標是「促使人們了解患者在瀕臨死亡前的各種問題及需求」。

今年春天我在歐美十二所看護中心做研究訪問時，深切感受到歐美人士十分重視末期癌症病患的各種需要，因為他們深信唯有了解患者的需求，才可以提供患者在臨終前的各種幫助。

在一般病房中的病人所需要的是肉體上的協助，例如消除身體的病痛，頭痛時就希望醫生能幫他治好或者吃藥等等；但是在看護中心的病患需要的就不只是這些而已，這些病患的煩惱多半是屬於精神上的問題。

我的專長是在哲學方面，所以一定會以哲學或者教育的角度來看待問題，另外今天的會議主題是醫療與宗教，因此我也想就宗教的立場來談談患者精神上的需要。

身為天主教徒，我最了解的莫過於是天主教，但是宗教並不僅限於天主教，還包括佛教、神道等等，在這些宗教中有許多共通點。

一言以蔽之，臨終病患最大的需要是「希望有個人陪在身邊」。

加拿大一份以高齡者為對象的調查中間及「最痛苦的事情為何？」，多半的回答都是「loneliness」（孤獨）。

人一旦步入老年，常常因為病痛不斷而住院，隨時可能撒手而歸。由於他們比年輕人更接近死亡，所以非常害怕孤獨，更加擔心自己「是否會在患病初期即遭到家人遺棄，獨自迎接死亡的到來」。

a·與患者共進退

德文中稱這種因應需求為「sterbebegleitung」，「begleitung」這個字尾的意思就是「共進退」，對於一個即將面對死亡的病人而言，這是最重要的一個需求，病人和醫療看護小組的關係並非主從關係，而是雙方處於同等地位，共同進退、相互學習。我必須強調：醫療看護工作者必須不斷警惕自己「末期患者不僅僅是醫療看護的對象而已」。

事實是可以從病患身上學到許多事物，他們所了解的是一般健康人所不知的，光就這點來說，末期病患可說是醫護從業人員的重要老師，經由他們的教導才可以學習更多知識。

這是一個革命性的觀念，以往醫生總是處於高高在上的地位，患者則居於下風，被當成是醫療的對象；當今歐美已經逐漸改變這種落伍的觀念了。

b·集體看護

歐美也非常重視並且積極地加強宗教與醫療之間的合作。我曾經在德國兩所大學教學醫院做過調查，一個是歐洲腎臟移植研究重鎮哈諾瓦大學，另一所是海德堡大學醫學院。

兩所大學都開了一門特別的課程，以牧師及神父為對象，在醫學院的一年期間除了必須學習各種與醫學相關的課程之外，也必須在附屬醫院擔任牧師、神父的工作，這是一門相當專業的課程。

現在在歐美擔任臨終看護工作的人大多數是宗教家。德國人中天主教徒和基督教徒各佔一半，因此所有的醫院都會有神父和牧師各一人，一同在醫院從事輔導的工作，近來他們更致力於專業的素養，成功地扮演醫療與宗教之間溝通者的角色。

現在的醫療技術尚不能治癒癌症末期的病患，即使醫生感到相當無力也不應該完全放棄，將病患交給牧師或神父，而是應該和宗教家組成一個醫療小組，共同照顧病患，也就是說應該從看護的角度，本著各自的專長組成一個臨終看護小組。

即使是一般醫院也應該由看護小組分擔工作，共同進行看護，如此一來才能充分理解每一個臨終病患的各種不同需求。

例如醫生專門給予病患醫藥上的協助，護士則負責照料，社工人員負責解決社會及經濟上的各種問題，而神父、牧師則負責輔導病患心靈上的問題等等，以這樣的形式每天和病患接觸才可能給予病患最大的幫助，唯有透過醫療和宗教之間的相互合作才能順利完成臨終看護的工作。

整個看護小組的成員各司其職，仔細照料患者在各方面的需求，盡其所能給予妥善的照顧；總結來說，死亡準備教育的第一目標即是充分理解病患在面臨死亡前的心路歷程及需求，進而給予適當的幫助。

歐美國家將病痛分為肉體的疼痛、精神上的折磨、社會的痛苦以及靈魂上的痛苦，看護小組分擔的工作就是為了消除病人的四種痛苦，例如醫生可以替病人減輕肉體上的病痛，神父可以輔導精神及靈魂上的各種問題。

我大膽揣測日本之所以無法因應患者需求的理由之一，在於醫療小組無法充分理解這四種不同的痛苦。

以社會性的痛苦為例，假設一個四十歲的已婚男子因為罹患末期癌症，僅剩下幾個月的生命，他最放心不下的是什麼？首先他會擔心「自己死後家庭怎麼生活下去？」，太太會怎麼樣？經濟上會不會出問題？正要上私立大學的兒子是否有足夠的學費繼續求學？我們可以想像得到他最擔心的是自己死後家庭的經濟問題，最令他苦惱的不是自己身體上的病痛，而是妻子和兒子的問題。

他的煩惱有很多是不必要的！我任教的上智大學設有獎學金制度，每年總是有幾個學生遭遇到父親去世的狀況，一旦有這種情形，學校會立刻撥出一筆獎學金幫助學生繼續完成學業，因此學費的問題根本不必擔心。

多數的家長都不知道有這種制度，學校方面也不可能在新生訓練時發出一封致家長書，告知：「倘若您遭遇不測，學校將有獎學金幫助您的子弟繼續完成學業」，這麼做一定會引來大家的誤解，甚至招來怨言，而事實上這類的事情每年都會發生。

醫生和護士可以透過觀察多少了解病患這方面的煩惱，進而協助他們尋求解決之道，所以病患根本不必擔心。

總之，死亡準備教育的第一目標是「徹底了解每個病患的個性以及他們的需要、痛苦與煩惱，然後給予他們適當的幫助」。

由此看來，這些問題不僅僅是屬於醫學領域，而是跨越了科學，因此我們必須以看護小組的形式才能因應病人的各種狀況，醫生、護士、社工人員、患者的家人、朋友等等共同努力，幫助病患渡過人生的最後階段。

c·死亡過程的第六階段

《死亡瞬間》一書作者邱布勒·羅絲曾經提出「死亡五階段」。

在她診療的兩百多個病患中，大多數的人都經歷了這五個階段，第一是否認，第二是憤怒，第三是討價還價，第四是壓抑，第五才是接受事實。

我認為除了這五個階段之外應該再加上第六階段；我在德國、美國、日本等地的醫院遇到數百名面臨死亡的病患，他們之中多數都經歷到另一個階段——期待與希望。

今年春天在紐約看到許多面臨死亡的小孩，他們的情緒卻出奇地穩定，令我詫異不已；

經過一陣子的調查之後發現，有些小孩的母親早逝，信仰使得他們對死亡毫不畏懼，反而期待死後可以在天堂和母親相會，所以他們都可以平靜地迎接死亡到來，我深信這是宗教信仰的力量。

基督教徒認為死後可以進入天堂，對他們而言，死亡並不代表終結，他們堅信死後可以在天堂與親友重逢，因此他們都是懷抱著希望面對死亡。

我想日本多數的醫護從業人員對死亡的態度並不像歐美一樣樂觀，但是我必須強調一點：一個優秀的醫護人員不應該以自己的價值觀、生死觀去駕馭病人，而應該徹底了解、尊重病患的個性；如果病患深信死後可以和親友重聚，醫護人員就不應該剝奪他的希望，反而應該體恤他的想法，鼓勵他。身為一個醫護人員除了應該在自己能力範圍之內盡心盡力之外，更應該是病患的精神支柱。

有個病人在臨終前一星期問他的主治大夫：

「我大概沒救了？」

主治大夫回答：

「你一定要相信現代的醫療技術。」

我永遠記得這個病人當時茫然的神情，他早已經意識到自己將不久人世，對於醫生的回答似乎是聽而不聞。

正因為現代的醫學發達，醫生更應該體認到醫學有其限度，並且和病患共同面對醫學之外的問題，而不應該以一種上對下的態度看待他們，只說一句「相信現代醫療技術」了事，必須以謙虛的態度與病患相處，尊重病患，相互學習才是。

並非所有的病患都一定會經歷這五個或六個階段，這是因人而異。身為醫護人員、宗教家的一大使命是應該坦然地面對病患，充分理解病人在死亡前可能經歷的各個階段，儘量給予他們精神上以及各方面的幫助。

我們重新把話題回到死亡的第六階段。

曾經有人問我：

「每個階段大約需要多少時間？」

我不可能回答：「星期日是第一階段的話，今天星期四，所以是第五階段。」就草草了事。每個階段的時間是因病患的個性而異，甚至有些病患到最後都無法接受死亡的事實，邱布勒・羅絲也在研究報告中指出，在兩百多名病患中有三名病患一直停留在第一階段，拒絕接受死亡的事實，所以病患接受死亡的過程是因人而異的。

d・人生總決算

我先舉個例子，是有關病人在接受死亡過程中所發生的事實。死亡過程的第三階段討價還價(barbaining)的階段，是在第二階段——憤怒之後，立刻會產生的反應，病患會對醫生說：「我是個聽話的病人，請你務必讓我多活一些日子」，或者對上天祈禱：「我想看著女兒出嫁，求求老天爺讓我多活半年」，也有些人會希望再彈一次鋼琴、再賞一次櫻花等等；這個時期的病人會以非常開闊的心胸和外人溝通，因此醫護人員、親友們可以利用這個階段給予病患莫大的幫助，協助他們重新檢視自己的人生(Life review therapy)，讓病人重新評價自己的人生。

無可諱言地，大多數的人常常讓許多生活中的問題懸而未決，幾乎所有的病人也是如此，在他們過往的人生中留有一些尚未解決的問題，「那個人曾經害得我好慘，決不原諒他」或者「以前我對某某人不好，他一直不肯原諒我」等等屬於人際關係上尚未解決的問題也很多，每個人都期望自己的人際關係和諧，如果人際關係不能取得調和，那他也無法安穩地離開人世。

對於這樣的狀況，我們就必須盡力幫助病患處理過去尚未解決的問題，所謂解決意謂幫助他原諒別人或者取得他人的諒解，如果病患無法原諒自己的父母親或身邊的人，或者一輩子都不能和這些人說話，那麼他一定無法心平氣和地離開。

確實有這樣的病患，三十年來不曾和母親說過一句話，所以他也無法心平氣和地離開人世，我勸他主動打電話給母親並且原諒母親，雖然病患的母親真的對不起他，但是也由於他誠心地原諒媽媽，他才能非常安詳地面對死亡的來臨。

無論是原諒別人或者求得他人原諒，都是屬於精神上的問題，這一方面則需要醫療與宗教共同努力協助病患；在歐美國家的神父、牧師每天都會到病房去探視病人，如果病人願意敞開心胸和他們談談，他們會盡全力地開導病人。神父、牧師就是專門協助病患重新檢視自己的人生，在精神上給予病人各種協助。

在德國的海德堡大學、哈諾瓦大學都設有Life review therapy的課程，甚至也有專門的研究機構；另外我也在紐約參加過類似的課程講座。

在專門教育體系完備的美國、德國從事神父、牧師工作的人都需要相當高的教育程度。神父們必須修完四年哲學、神學等等課程，然後在醫院實習兩年，吸收豐富的經驗之後才能成為獨當一面的神父，輔導臨終病患；所以他們在專門領域中是非常優秀的一群。

同樣地在德國也有類似Life review therapy 的構想，德文稱為Lebensbilanz，這個字是近年來才出現的新字彙，Bilanz是「決算」的意思，Leben 是「人生」，組合起來的新字就翻譯成「人生總決算」。

當一個人即將面對死亡時，難免會對於自己的人生做一番反省，醫生之所以無法給予病人百分之百的協助，並非因為他工作太忙，而是因為他不是專門的心理醫生，無法解決病患在心理上的種種問題與困惑，這個工作便落到宗教家、心理醫生的身上，因此解決病患的心理問題就成了宗教家、心理醫生的一大使命。

現在日本醫院中的病人對於人生總決算的需求增加了許多，因此為了達到給予病患充分的協助之目的，宗教與醫療相互合作已是刻不容緩。

德國、美國、英國、愛爾蘭等地的醫院都十分重視病人對於自我人生的總決算，所以在這些國家的死亡準備教育之一大目標即是：深入了解病患的需要，盡力地協助他們。

完成屬於自我的死亡方式——第二目標

第二目標即是「平心靜氣地瀏覽自己的人生，準備迎接死亡的到來，盡可能完成屬於自我獨一無二的死亡方式，探求比死亡更深奧的思想領域」。

歐洲人認為人類與動物的死亡是不同的；日文中無論是動物或者人類死亡都是用同一個字「死」，但是德文中動物和人類死亡的用字則有所區別，動物死亡是用verenden，這個字絕對不會用於人類死亡，人的死亡是用sterben 這個字。

存在主義哲學認為「人類必須完成自我的死亡」。

死亡並非被動、無力，而應該是以主動的姿態出現，也就是說人應該主導自己的死亡，完成一種屬於自我的死亡方式。

動物的死亡究竟和人類有何不同?簡單地說，在出生到死亡的過程中，動物到了一定的年齡，經過病痛而後慢慢死去，這種肉體上逐漸衰老的形式和人類相似，因為人也是經歷生老病死，就肉體衰老的曲線來看雖然相同，但是在生命的過程中，人類必須經歷另一種艱難的考驗——人格成長。

人類會意識到死亡，然後接受死亡。存在主義學者海德格非常重視這個概念，他曾說：「人類是邁向死亡的存在」，所謂邁向死亡的存在是指人一出生就已經註定走向死亡；但是動物並不會意識到這點，人類知道「自己在某個時候一定會死」，正因為體會到這點，人才可以更加努力地生活，珍惜現在的一切。

動物則沒有這樣的認知，而是完全受到生物本能的支配走向死亡；但是人類在接近死亡之前仍然能夠成長，這便是死亡準備教育的第二目標。人有義務對自己的死亡負責，更應該致力於完成屬於自己的死亡方式，也就是說我們必須培養對死亡具有主導性的態度。

對自己的死亡負責就是對生命負責，在有限的生命中努力過得更有意義；這樣講或許太過抽象，死亡準備教育的第二目標就是要創造獨一無二的人生。

我曾經看過數百個人死亡，有些人因為知道自己即將離開人世，變得非常自我；有些人只會自怨自艾，沈溺於痛苦與煩惱之中，在怨言中終其一生。

但是並非所有的人都是在悲哀的情境中結束生命，我曾經見過三個特殊的例子，他們的表現非常難能可貴，為自己的生命劃下完美的休止符。

a．無形的遺囑

第一個例子的主角是一位女士，一般人都認為死別是件感傷的悲劇，但是這位女士卻將自己的死亡導演成一齣溫馨的喜劇。

她九十一歲，有十一個優秀的孩子，當主治醫生宣告她的生命僅剩下三、四個鐘頭時，所有的孩子及孫子都來到她的病床前，她也已是半昏迷狀態，這個時候晚輩們都很清楚自己的母親、祖母將不久人世，長男是個天主教神父，他對所有的人說：

「媽媽已經不能和我們說話了，我們一起向上帝祈禱吧！」

正當所有的人圍繞在病床前安靜地祈禱時，母親張開眼說：

「謝謝你們為我祈禱！但是我現在想喝一杯威士忌……。」

（她只能再活幾個小時而已，怎麼還有心情喝威士忌……？）

所有的人都納悶不已。無論如何這是母親臨終的願望，於是急急忙忙地準備了一杯酒，攙扶起母親，讓她喝口酒。母親又說：

「這酒怎麼是溫的？幫我加些冰塊吧！」

（怎麼這個時候還會想到要加冰塊……？）

原本大家希望母親臨終前能交代一些遺言，或者引用聖經中的名句當成遺囑，但是她現在的表現卻出乎意料之外，不禁令人訝異。

孩子們趕忙找來冰塊加進威士忌裡。母親又說：

「真好喝！真好喝！」

所有的人都獃住了。接著母親又說：

「我想抽一根煙。」

面對母親在臨終前要求抽菸、喝酒的舉動令大家百思不解，終於有人忍不住，鼓起勇氣說：「醫生說不可以抽菸！」

母親立刻回答：「快要死的不是醫生！是我！幫我拿根煙來。」

「……」

母親慢慢抽一口煙，然後對所有的人說：

「我們在天堂見了！拜拜！」

接著就斷氣了。

這時，沒有人傷心欲絕，當然這並不意味他們對母親逝去不感傷，而是母親臨死前的幽默與開朗使得所有人覺得心平氣和，每個人都深刻體會到「這才像是母親應有的臨終表現」。

這位母親一生中鮮少喝威士忌，更不曾抽菸，為什麼在臨終前會想喝酒呢……？

她的孩子們這樣解釋：

「母親參加過幾個朋友、親人的喪禮，每次總讓參加的來賓淚流滿面，場面倍感哀戚，但是她總覺得自己死的時後不應該讓兒孫感到悲傷與痛苦，因此她以這樣的方式和我們道別……。」

這是母親為了體貼兒女而導的一齣喜劇。

她知道自己今晚即將離開人世，所以必須在最後幾個小時對陪伴自己渡過最後人生的兒孫表示一點心意。我認為這位母親的表現方式相當人性。

「媽媽為了體貼我們而支撐到最後一分鐘，這是一種屬於精神上的珍貴遺囑……，這種遺言無法用筆墨形容，卻可以永遠留在我們心中。」

我相信兒孫們的腦海中會永遠記住這一段美麗動人的情景。

在座的各位可能也有多次面對病人死亡的經驗，這些經驗多半都是負面的吧！不管是在德國、美國或者是世界各地，大多數的病人都只知道沈浸於自己的痛苦之中，只會考慮到自己，我認為這個現象應該歸咎於病人未受到死亡準備教育的洗禮。早幾年前有些國家甚至把死亡當成是一種禁忌的話題，使得病人在面對死亡時無法從容應對，無法實現屬於自己的死亡。

死亡準備教育的重要性在於它可以幫助我們順利地迎接自己的死亡；人類必須終其一生學習如何為自己的人生劃上完美的休止符。

但是這並不意味先前這位母親的表現方式可以適用於所有的人，在座之中有很多人是醫生或護士，更不是希望你們回醫院之後，對病人說：「我去買一瓶威士忌給你喝！」所謂最人性化的死亡方式亦指病患能在生命的最後一刻體貼自己周遭的親友。

特別是對一些有宗教信仰的人而言，他對死後的世界充滿希望，如同剛才提到的那位母親，她深信死後一定可以上天堂，所以她才能夠坦然地面對死亡，演出一幕喜劇的結局，這是宗教的力量使然；由於確信將來一定可以在天堂和子女相會，才可能在臨終的一刻對周遭的人表示自己由衷的謝意，並且體貼他們的心意。

b．再見的錄音帶

另一個例子的主角是位護士，我從她身上獲益良多。

從她得知自己是癌症末期病患到臨終前的半年時間，她一直留在臨終看護之家照顧其他末期病患；她認為因為自己也是臨終病患，所以可以體會臨終病患真正的需要，更進一步幫助他們。

她的所作所為實在令人佩服，此外她甚至親手籌劃安排自己的葬禮，包括祈禱詞、讚美歌、聖經朗讀等等，她都事先清清楚楚地寫在紙上，然後影印成許多份，準備發給來參加葬禮的來賓，當然不是她自己來做這個工作，而是委託朋友代為處理。

當天的葬禮更令我印象深刻。天主教的葬禮儀式中是由神父主持彌撒，而這位護士竟然連這一部份都事先用錄音帶錄下自己的話，在彌撒時放給在場的人聽，在彌撒進行中聽到主角的聲音，令我分外感動。

至今我仍保留著那卷錄音帶，每次都覺得錄音帶的內容充滿幽默與玩笑，一直聽到錄音帶的終了部份，又令我淚流不已，她最後的一番話是這樣：

「葬禮結束之後，Have a nice party。」

「我即將進入天國，你們不應該傷心而應該替我感到高興，甚至替我開個派對舉杯慶祝，祝我已蒙主恩召。」

還有什麼樣的話比這一段更出色的呢？

我認為每個臨終的人都應該有一段臨別宣言，特別是多禮的日本人更應如此，至少我認為日本人比德國人重視禮儀。每當我要出門遠行時，我一定會一一向親朋好友道別，因為我覺得什麼話都不說就離開是件很無理的事。

死亡，就彷彿是一趟遠行，而且永遠不會回來，如果默默地離開，就像是臨陣脫逃一樣，一下子不見人影，對於活著的人是一件非常不禮貌的行為。

這位護士很正式地向大家告別之後，一個人出外旅行，她無法一一向親友道別，於是選擇了在自己的葬禮時一併向所有的人宣告自己已經離開這個世界，並且說：「謝謝大家！再見了！我會在天堂等著和你們重聚」，她帶著感恩的心情離開了。

可能有人會認為「我會在天堂等著和你們重聚」這句話非常觸霉頭，但我卻覺得這是一句美麗動人的告別宣言。

另外她在錄音帶中也提到：「我不希望你們特地去買花來送我，寧願你們把自己家裡的野花摘來放在我的墳前，我只要收到自家花園的小花就很滿足了，如果為了一個過世的人花錢買花，豈不是太浪費了嗎？」

她又說：「如果大家真的願意捐出寶貴的時間和金錢，那麼我希望這些時間和金錢可以用在臨終看護之家，用在病患及家屬身上。」

我非常感動，這才是最人性化的告別方式；她不僅創造出屬於自己的告別儀式，更為臨終病患盡一己之力，留下一段令人懷念的臨終宣言。

當然我並不是要求每個人都應該錄下自己的臨終告別宣言，各位更不必大費周章地替病人準備錄音機，甚至要他們都錄下臨終宣言。

也許有人會認為這是個笑話，但是我相信大多數的人都同意這位護士的告別方式非常獨特，即使她的身體非常虛弱，生命也所剩無幾，但是她非常努力地燃燒完自己最後一點光亮，做自己該做的事，令我萬分佩服。

c．向末期病患看齊

每年上智大學都會舉辦「生與死研討會」，這個研討會也開放給一般人士參加，如果各位有興趣，歡迎參加。

在去年的研討會中，我們首次邀請到臨終病患與會，這位病患非常清楚自己的病情，也願意和我們分享他的心路歷程。

上本修，東京大學法學院的研究生；我們把他生前的演講稿收錄在《學習死亡經驗》（春秋社出版）一書中，他將自己如何與死神對抗的心路歷程以及對於死亡的見解用非常幽默的語氣表達出來，令我印象深刻。

當時最令我感銘肺腑的一點，是他以一個癌症末期病患的角色教導我們這些身心健康的人，而這些知識是無法從書本或學校老師那兒得知，他是一位不可多得的良師。往後我們將陸續邀請類似背景的人士前來演講，這些末期病患不僅僅是醫療的對象而已，更是醫療從業人員的良師。

上本先生已於今年一月十五日逝世，享年二十六歲；他充滿了青春活力，也以這樣的精神渡過了人生的最後一段日子，並且令周遭的人受益良多；我門所要學習的一大課題便是如何才能像他一樣完美地結束自己的人生。

悲嘆教育——第三目標

死亡準備教育的第三目標為「悲嘆教育」。一聽到悲嘆兩字，大家不免覺得刺耳，從字面上來解釋，悲嘆即是悲傷感嘆，英文為grief；當我們失去親人時一定會感到痛苦萬分，我們會因為失去而有所感嘆，甚而陷入悲傷的情緒之中，如何制止感嘆與悲傷持續不斷，如何超脫這些情緒等等問題則成為另一個重要的目的，所以悲嘆教育也是死亡準備教育中不可忽略的一環。

a．體驗「失去」的滋味

人生就是一連串「失去」所組成，隨著年齡增長，我們會失去童年、失去青春，有人會失戀、離婚，到了年老體衰之際，又必須退休，失去工作，人的一生不斷地體驗各種「失去」的滋味。

對日本男人而言，退休是一件痛苦的事，最另他們無法接受的莫過於老年喪妻、喪子，如果遭遇到這樣的狀況而無法順利渡過的人，可能就會生病而死。

今年春天我看到美國一位精神科醫生的研究報告，令我非常訝異；根據他的研究報告指出，現今美國的精神病患中有四分之一甚至三分之一以上的人都是因為無法跳脫出「失去」的痛苦，而導致精神異常，由此可見，「如何超脫失去所引發的悲傷」成為預防醫學中的一大課題。

在英國的一項調查中指出，將喪偶的男性與同年齡但是妻子健在的男性相互比較，喪偶男性的死亡率高達百分之四十，這些人多半是因為失去妻子之後，心理上失去了支柱而導致身體衰老、病死。

我主張社會全體應該對這些人伸出援手；眾所皆知，日本的醫院在患者逝世之後，就不再理會患者家屬，頂多只是在葬禮時和家屬照面而已，此後完全失去聯絡。

紐約卡布里尼看護中心的病患逝世之後，其家屬仍然每個月在看護中心聚會；同在紐約的卡路尼看護中心也是如此，死亡患者的家屬每個月會受邀到看護中心，同時也有一些基督教徒、天主教徒、佛教徒共同參與，大家不分宗教信仰一起為逝世的病患祈禱，之後共進晚餐。

醫生、護士也會出席這類的聚會，在聚會中護士和家屬一同回憶病患生前的點點滴滴，並且和家屬分享生活上的喜怒哀樂，以確定家屬們是否順利地從哀傷中重新站起來，這樣的聚會依據家屬的需要，有時候會持續半年甚至一年以上。另外每個月也舉辦兩次家屬餐會，讓失去親人的家屬彼此安慰心靈上的創傷。

東京上智大學每個月第二個星期一定期舉辦「思考生死」的座談會，每次的參加者多在一百五十人以上；我們希望透過失去親人的家屬彼此安慰，儘快平緩哀傷的情緒，彼此支持。

在座談會中我們曾經討論過創辦一所日本式的看護中心，希望藉此拋磚引玉，期待這個看護中心能使需要幫助的人緊密結合，彼此幫助。

很多日本人因為失去親人悲傷過度而不支倒地，這一點可以從統計數字中清楚得知，但是日本的醫療制度中卻沒有任何的預防措施，豈不是相當矛盾的事嗎？

任何人都知道生病住院需要一筆很大的開銷，如果我們能從每一筆醫療支出中撥出百分之一當成「悲嘆教育」的基金，一定可以使更多人受惠。我期待能透過類似「思考生死」的組織來推動這個構想。身為一個醫護人員應該更能體會家屬的悲痛，除了在精神上支持他們之外，更應該幫助他們從悲傷中重新站起來，經由大家齊心協力一起積極地向人生的痛苦挑戰。

根據我在紐約的觀察，許多教會也在從事類似的工作，他們定期舉辦聚會，不分宗教、意識型態，凡是有需要的人皆可參加，在固定的聚會中分擔彼此的痛苦，相互幫助。

日本更需要有這樣的聚會或組織來推動這個構想，如同我先前所說，這是預防醫學中的一個重點。

b．往事不再

佛洛依德的精神分析理論中稱悲嘆的過程為tranerarbeit（悲嘆工作），日文中將arbeit翻譯為工作，所以我們應該把悲嘆看成一種積極主動的工作，而非被動的接受，而這個工作說得更貼切一些，應該是「昇華的工作」。

失去親人到重新振作站起來大約需要花一年的時間，綜合日本、美國、德國等地的專家研究成果，大致可將其過程分為十二個階段。

(1)精神打擊與麻痺(shock and numbness)：

一般人遭遇到親人過世的事實時，最初的反應是受到打擊以及麻痺，這是一種自然的防禦機制。

(2)否認(denial)：

拒絕承認親人死亡的事實。

(3)恐慌(panic)：

由於親人死亡產生害怕的情緒而陷入極度恐慌的狀態中。

(4)憤怒與不合理(anger and feeling of injustice)：

背負不合理的悲痛，和命運抗衡時對上天產生強烈的憤怒。

(5)敵意與怨恨(hostility and resentment)：

對於周遭以及逝世的人產生敵意以及無處洩憤的怨氣。

(6)罪惡感(guilt feeling)

這是悲嘆行為中典型的反應，悔恨自己過去的所作所為，責怪自己。

(7)幻想(fantasy formation ,hallucination)：

幻想過世的人尚在人間，現實生活中的舉動也是如此。

(8)孤獨與抑鬱(loneliness and depression)：

這是完整悲嘆過程的一部份，必須靠自我努力才能超越，周遭的幫助也很重要。

(9)精神上的混亂與不關心(disorientation and apathy)：

失去生活重心而產生空虛感，不知如何自處，不關心周遭的事物。

(10)放棄——接受(resignation acceptance)：

決心改善自我的處境，鼓起勇氣面對無情的現實生活。

(11)嶄新的希望——重新找回幽默與歡樂(new hope rediscovery of humor and laughter)：

幽默與歡笑是健康生活中不可或缺的要素，只要找回這兩項就可盡快結束悲嘆的過程。

(12)重新站起來——產生新認知(recovery gaining a new identity)：

經過充滿苦惱的悲嘆過程之後，將會孕育出更完整、更成熟的人格。

經過了十二個階段的歷練之後，不會回復到失去親人之前的人格，失去的親人不會活過來，如同失戀後愛人不會再回頭、退休後不會再有工作一樣，一旦失去之後就不可能像皮肉受傷一般，恢復原狀。

經過悲嘆的過程之後會有兩種結果：一是失敗、一是成長；所謂失敗包括生病臥床，如同先前提到的調查結果，喪妻男人的死亡率高達百分之四十；如果一個人能夠從悲痛中重新站起來，後半生將會生活得更圓熟、美好，同時也會蛻變成為一個成熟、與人能產生共鳴的人。自古以來，一個人格成熟的人多半是經歷過許多失去經驗的人，能夠超脫失去的痛苦之後，才能形成更健康的人格，也就是說他們以自己的經驗作為跳板，步入完美的境界。「失去」的經驗對人而言是一種改變的契機，也是一種高難度的挑戰。

仔細回顧我們的人生，其實就是一連串「失去」所結合而成，重點在於我們如何應對？承認自己無力抵抗命運或者是勇敢地面對它接受命運的挑戰呢？這個抉擇完全取決於自己。因此我必須特別強調：從悲傷到重新振作的這段過程是造就完美人格的重要里程碑。

摒除不安．平緩恐懼——第四目標

死亡準備教育的第四目標在於「緩和對死亡的極端恐懼，消除多餘的心理負擔」。

人們對死亡的恐懼大概可以分為害怕(fear)與不安(anxiety)，兩者有何不同呢？

害怕(fear)是有特定對象，例如我們常說害怕蛇、害怕生病不舒服等等，這是一種因為固定對象而產生的情緒。

如果沒有特定對象而產生一種莫名的恐懼則稱為anxiety（不安）。總而言之，恐懼有特定對象的稱為害怕，如果沒有特定對象的恐懼則是不安。

我們對死亡產生的恐懼是屬於害怕或不安呢？兩者皆有。當我們面臨死亡時會害怕身體上的病痛、害怕失去親人、害怕人生就此結束，有各種特定的害怕對象，另一方面也有一種莫名、無法理解的恐懼存在，這就是我所謂的不安。

倘若了解末期病患的這些心理狀況，我們就可以給予更體貼的幫助。關於末期病患最害怕的事物為何等等問題，我已經在《死亡準備教育》第三卷中詳細說明過了。總之，醫護人員必須用心去了解末期病患之所需，用心體會患者無法用言語表達的擔憂，才能進一步給予他們適當的協助。

病患可以用言語表達出來的病痛很容易解決，病人說出自己哪個地方不舒服，醫生只需要對症下藥就可以給病人立即的協助；但是幾乎所有的末期病患都無法表達出他們最痛苦的事情究竟為何，因此在臨終看護時，如何善用言語之外的溝通方式就成為了解病人的一大重點了。

我相信任何一個日本男人都不願意承認「怕死」，但是心裡卻相當恐懼，而且無法表達出來。

同樣地，美國的醫生比一般國民更加害怕死亡，但是醫生都不願意承認這個事實，美國的研究單位透過設計的問卷才找到這個事實。唯有透過死亡準備教育才可以消除一般人為了顧及顏面而使之日漸膨脹的「多餘恐懼」。大多數的末期病患也受到這些「多餘恐懼」困擾，所以我們必須要透過死亡準備教育才能使病人超越恐懼，正視死亡問題。

破除禁忌——第五目標

第五目標是要「破除一切有關死亡的禁忌」。

唯有破除有關死亡的禁忌之後我們才能自由地思考死亡的問題，才能公開談論死亡，也唯有如此才能徹底解決依附在死亡的情緒問題。

十九世紀的人把性當成是一種禁忌的話題，至少在歐洲是不可以談論性，但是大家卻可以公開地討論死亡；到了二十世紀的今天，大家對性話題已經毫無禁忌，卻將死亡看成禁忌，不敢公開談論。

日本也把死亡的話題當作禁忌。我曾經遇過一件荒謬的事情，這是發生在我的學生身上，學生請我在婚禮上致詞，我的任務是告知在場的來賓新郎新娘是多麼優秀，雖然我不太習慣這樣的場合，心想到時候就多講一些好話就是了。

有一天，這對即將結婚的新人特地跑來我的研究室。

「老師，有點小事想麻煩您，是關於婚禮當天的致詞內容……。」

「什麼事？」

「婚禮當天會有很多家鄉的長輩，可不可以請老師不要談到死亡哲學……？」

我是個很識相的人，不想讓學生的長輩或親戚認為「喜氣洋洋的婚禮怎麼可以提到這麼晦氣的事」，更不想有人說：「上智大學有個很奇怪的老師，怎麼會說些不該提的事呢？」要是讓他們知道新郎新娘在學校就是跟著這個奇怪的老師研究死亡的話，他們回家之後可能會說：

「東京是個令人不舒服的地方！」

我當然知道不應該在婚禮提到死亡、死亡教育等問題，我也絕對不會提；但是新郎新娘卻為了這件事特地跑來找我，可見他們擔心的程度，死亡對日本人而言仍是一大禁忌。

另外還有一個類似的例子。醫學界每年都會舉辦例行的死亡臨床研究會，至今已有十年的歷史了；今年的大會在東京召開，總共有八百多名醫生護士與會，主辦單位在飯店會場門口掛了一個大布條「死亡臨床研究會」，有個婚禮也在同一個飯店舉行，因為有人擔心「萬一讓參加婚禮的來賓看到這樣的布條，引發心臟麻痺而死就不好了」，於是我們只好勉強把布條拆下來。

總之死亡話題在日本是個禁忌，因此大家無法正視死亡問題，反而引起一些對於死亡不必要的恐懼、不安。我期待將來大家可以用開闊的心胸看待死亡、思考死亡問題。

預防自殺——第六目標

死亡準備教育的第六目標在於「了解預謀自殺者的想法，進而預防自殺」。

近年來日本年輕人總是以一些不足為奇的理由自殺，實在太浪費生命了！應該如何遏止自殺行為的發生呢？

我相信未能實施死亡準備教育是使得自殺案件增加的原因之一；死亡準備教育的目的在於教導人們尊重生命，如果每個年輕人都能體會生命的寶貴，那麼他們就不會輕易地為了崇拜偶像而自殺，不再認為自殺是非常帥氣的舉動，因此死亡準備教育是預防自殺的有效方式。關於這一點我也在《死亡準備教育》（第一卷）一書中詳盡討論過了，有興趣的人不妨自行參閱。

關於自殺問題我有一次難忘的經驗。有一位年輕醫生到我的研究室來找我，和我談了幾次關於死亡的問題，在我還來不及了解他的困擾之前，他就自殺身亡了。

美國醫生的自殺率是一般國民的三倍，女醫生更高達四倍；有一份調查報告中顯示某所大學醫學院的學生中，每年都有一成以上的學生自殺未遂；和醫療工作相關的人自殺率逐年增加，醫護人員認為這些現象會導致一般人對醫療機構有不良印象，因此相互隱瞞，真是一件悲哀的事。

曾經有兩個學生已論及婚嫁，兩人都非常出色，可說是天造地設的一對，但是婚禮的前一星期新郎的哥哥在家鄉自殺了，這兩個學生也因為這件事而分手；這位哥哥不僅結束了自己寶貴的生命，更扼殺了弟弟及未婚妻的一段美好姻緣。

我不知道哥哥為何自殺，但是卻對他不負責任的態度感到憤怒；如果全體國民都能接觸一些死亡準備教育的課程的話，如果大家都清楚了解自己對生命應盡的責任……。

告知與溝通——第七目標

死亡準備教育的第七目標是「告知，讓末期患者有知的權利，徹底地認識、了解自己所該知道的事」。

所謂的告知，意指對於一個無藥可救的病人，將他的病情詳細地告訴他。美國曾有二次研究調查，一次是在一九六一年，美國醫師協會以所有醫生為調查對象，試問他們是否應該詳盡告知病人其病情，其中有一個問題是問到是否該讓癌症病患知道自己的狀況，百分之九十的醫生答「NO！」，也就是不讓病人知道；另一次調查是在一九七七年，同樣一份問題，百分之九十七的醫生回答「YES！」，他們認為病人應該知道自己的病情；現在美國全體的醫生都有共識，認為應該直接告知病人其病名。

我想所謂的告知並非單純地告訴病人病情，就廣面的意義上來說，應該是患者、醫療小組及家屬之間的溝通，也就是說如何老實地告知病人及家屬。醫生們很難做到什麼都不說，這對雙方都不好，徒增痛苦，因為我聽到了很多類似的例子。

a．閒聊天氣狀況

日本的醫生不太願意直接向病人解釋病情，因此患者的老婆無法和自己的丈夫聊些深入一點的話題，對太太而言，最後的一個月是夫妻生活中最重要的一段時間，而他們的話題總圍繞在一些無關痛癢的事情上，或是閒聊天氣如何。

「今天天氣很好啊！」

「是啊！比昨天暖和多了。」

「氣象報告說明天天氣也不錯。」

夫妻之間的話題就僅只於此，丈夫不久就離開人世了。

對這對夫妻而言，夫妻生活的最後一個月應該可以聊很多事，他們卻選擇了毫不起眼的天氣。後來這位太太後悔地表示：

「現在想起來真是後悔！我們應該敞開心胸聊些別的事，但是……。」

說不定他們可以再次對彼此說「I love you」，表達自己內心的愛意；什麼話都沒說，讓自己的愛人就此離開人間，事後當然會後悔不已。

這位太太告訴我：

「其實我很想在他最後的時間和他好好聊聊。」

「我會真心誠意地告訴他：『I love you』。」

「這是我最想對他說的話。」

告知病人病情不只是傳達一項訊息而已，更包括了和病人之間的溝通問題。

德國有一句名言：有樂同享，歡樂將會加倍；有苦同擔，痛苦將會減半。

這句話非常簡單，相信大家都能理解。對大多數的人而言，將自己的歡樂與人同享，會使自己更快樂；遭遇痛苦悲傷的事情當然希望可以對別人訴苦，只要有人當聽眾，聽聽自己的煩惱與痛苦，心情自然會轉好。

我特別要提出來的是後半段的話；如果我們能在病患臨終前和他多聊聊、與他分擔痛苦的話，我相信他的悲傷會減到最低，心情自然會開朗許多。「有苦同擔，痛苦將會減半」這句話不正好表現出人與人之間心靈相繫的親密關係嗎？

臨終看護工做中最費心思的莫過於要如何告知病人他的病情，告知的工作不僅是消息的傳達而已，更需要和病人保持良好的溝通。

有一回我到醫師協會演講，講題就是有關於「告知」，演講結束之前司儀詢問在場的醫生：

「在場的醫生有誰會據實地告訴病人實情？」

結果全部一百五十位醫生有多少人舉手呢？

所有的人都回答「NO」！

另外我也會利用到日本各地演講的機會順便做調查，偶而我會問護士：「你們醫院的醫生會不會據實地告訴病人病情？」等等問題，結果大多數的醫院所秉持的原則都是不主動告知。

b．告知後的看護與宗教家的工作

美國的醫院都會做到百分之百的告知，甚至在紐約某家醫院還有一棟「癌症大樓」，他們毫不介意病人知道自己的病情，所有的病患也很清楚地知道自己的病情；醫護工作人員的任務不僅止於告知而已，同時也很重視告知後的照顧，我相當認同美國醫院的作法，因為他們非常重視和病患之間的溝通，而非置之不理。

在歐美地區，告知後的看護通常都是由宗教家負責，在此我舉舍妹為例。

我的妹夫因為胃癌去世，留下五個小孩，經濟生活相當拮据，精神生活更是痛苦難挨。

當時我人並不在德國，只能透過書信往來安慰妹妹，妹夫臥病在床的日子裡，妹妹相當痛苦，但是神父每天會花十五、二十分鐘陪他們夫婦兩人聊天，鼓勵他們，當時在妹妹的信中提及：「如果不是神父每天到醫院來支持我，我想早就撐不下去了。」據說這位神父並不屬於妹妹的教會，妹妹所屬的教會神父根本不曾來探望過他們，反而是其他教會的神父每天不辭辛勞地到醫院來探視他們，陪他們聊天；類似的情形在歐美相當常見。

有時候告知的工作並非醫生自己執行，而是醫生告訴神父、牧師，再由神父、牧師負責轉達；由於醫生不可能每天花二十分鐘和病人溝通，再加上醫生有時候不知道應該如何面對一個臨終病患，所以宗教家在這個時候就發揮了功用，擔負起這個重責大任。

德國非常支持醫療與宗教通力合作幫助病人，目前為止我們所討論的內容都已經在德國落實了。醫生必須承認自己的能力有限，神父在能力範圍之內盡心盡力地開導病人，各司其職，才能為病人謀得最大的福利。

我想再舉一個因為告知而產生良好結果的例子。在座的各位應該都知道知名演員約翰韋恩，在醫生告知他得了癌症之後，他仍然繼續拍片，同時每晚利用閒暇時間打電話給親朋好友籌募癌症研究基金，由於他不遺餘力地奔走努力，終於在舊金山成立了約翰韋恩癌症研究基金會。

假設當時醫生沒有盡到告知的責任，約翰韋恩就不可能每天打電話募款，不可能為癌症研究盡一己之力，現在的癌症研究中心就不可能存在了。我這樣的說法也許有些突兀，正因為約翰韋恩知道自己的病情，成立癌症研究中心，世界上許多癌症病患才得以受到幫助。他的例子告訴我們：由於醫生將實情告訴他，他才會想到做這件對社會有益的工作。

眼角膜、腎臟銀行的故事——第八、九目標

第八目標是「加強認知死亡及死亡過程中的倫理問題」。

這個目標主要是探討植物人、人工延長壽命、消極與積極安樂死等等與死亡相關的問題，這些是我們在討論死亡時不可忽視的重要部份。

第九目標則是「促進對於醫學與法律問題的了解」。

如何定義死亡？如何判定死亡？腦死、器官移植、腎臟捐贈、醫療研究用的遺體捐贈、眼角膜銀行、遺書的成立以及對家屬的援助等等問題都屬於醫學與法律的問題，有待我們仔細討論與了解。

舉個實例來說，這是有關我的姪女在哈瓦諾大學接受腎臟移植手術的事。

我很少回德國，上次見到姪女時她還是個小女孩；她每個禮拜必須到醫院三次接受三個小時的人工透析治療，我看到她小小的身軀著實不忍，心裡一直納悶為什麼不快點想辦法治好她呢？她等健康的腎臟已經等了好幾年，後來幸運地接受腎臟移植，現在才可以和一般人一樣過正常的生活、工作；但是我們再回頭看看東京的情況，現在有幾百個人在等待腎臟移植？偏偏供不應求。

那次從德國回來後，我立刻到腎臟銀行登記捐贈；平常我的口袋裡都會放著腎臟捐贈卡，萬一有一天慘遭不測，旁人才可以立刻打電話通知腎臟捐贈中心。腎臟移植必須在人死後三十分鐘之內立刻進行，否則腎臟會壞死，因此必須把握時間。

同時我也想到自己的眼角膜如果隨著我火化就太可惜了，所以我又到眼角膜銀行登記捐贈；如果有人期盼能得到我的眼角膜，請耐心等待。

我經常鼓勵學生捐贈器官，但是有些學生本身非常願意，卻遭到父母極力反對，所以除了自己要有器官捐贈的觀念之外，我們還必須教育自己的父母，讓他們也能夠欣然接受，否則自己同意了，屆時父母不聯絡醫院豈不是功虧一簣。

這些只是腎臟、眼角膜移植的例子而已，還有許多器官移植的問題亟待解決；如何使得大家能夠接受器官移植的觀念也是死亡準備教育的目標之一。

我更希望宗教家能對這類問題加以關心；由宗教的立場來看，如果死後能將自己的眼睛、腎臟遺愛人間，即使自己的生命已經結束，卻可以幫助另一個生命重生，總比將有用的眼睛、腎臟就此火化來得有意義吧！捐贈器官是一件體貼人心的舉動。德國天主教神父不時地呼籲：「捐贈器官是一件體貼他人的最佳表現」，他們也常說：「請大家踴躍登記器官捐贈，這是表現基督愛的最佳機會」。

基於這樣的理念，我經常利用演講的機會推廣器官捐贈的觀念，鼓勵大家到眼角膜銀行、腎臟銀行去登記捐贈器官。

我的葬禮——第十～十三目標

死亡準備教育的第十個目標是「了解葬禮的真意，進而選擇自己葬禮的形式，準備自己的葬禮」。

很多人都看過伊丹十三導演的「葬禮」，劇中敘述父親突然去世，主角如何為父親安排一次莊嚴隆重的葬禮。

我一直都認為葬禮的形式是死者個性的表現，與其舉行一次冠冕堂皇的葬禮，不如辦一場能夠永留人心、充分表現自己個性的葬禮來得有意義；先前我已經舉過幾個例子了，希望各位能夠仔細地想想這個問題。死亡是人生的句點，應該要有一次符合自己人格、人生觀、理想的葬禮才對。

我已經計畫好自己的葬禮應該如何進行了，而且已經準備妥當。在天主教的儀式中，神父在葬禮時必須穿著黑色禮服，黑色在歐美國家代表悲傷與痛苦；但是在我的葬禮中，我希望神父能穿白色禮服，白色是一種喜悅的象徵，我即將進入天國應該是一件值得高興的事，所以我希望參加我的葬禮的神父別穿黑色禮服，而是一襲白色禮服。

我現在住在四谷車站前的上智大學宿舍，所以我計畫葬禮的場地就在隔壁的聖依格那契教堂舉行，屆時大家如果有空歡迎參加；葬禮結束之後，大家可以在會場中開懷暢飲，因為我即將進入天國，所以各位不必哭喪著臉，而應該高興地為我舉杯慶祝。

雖然我已經將葬禮的事情準備妥當，但是這不表示我立刻會死去，我可能還會活十五年以上；死亡不是今天、明天立刻就會來臨，但是它一定會降臨到每一個人身上，葬禮是表現自我個性的最後一次機會，不應假手他人，必須自己全權策劃。

前幾天我受邀到學生工作的老人之家去演講，講題就是有關於思考自己的葬禮，之後我從學生那兒得知「有一些老人希望我能再去和他們談談如何策劃自己的葬禮」，我聽了之後非常欣慰，這些老人已經可以平靜地面對自己的死亡，這應該是受到我學生的影響，學生非常認真地傳達死亡教育的概念，並且利用各種機會和老人聊天，討論死亡的種種問題。

另一方面，這個老人之家也已成為美麗的天堂，大家可以自由地談論死亡、葬禮，無所禁忌地討論人生問題；我說過：死亡準備教育其實就是一種人生教育，道理就在於此。

第十一個目標是「發現時間的寶貴，刺激人類的創造潛力，改變自我的價值觀」。覺悟到自己是有限的存在、覺悟到死亡的真義之後，人才會認真地考慮如何善用僅剩的生命，才能發揮最大的潛力，創造出無可限量的前景。

音樂療法的效用

在此我想先講一點題外話——音樂療法(music therapy)。音樂療法相當受到臨終看護工作者的重視，事實上歐美的臨終看護之家也都採用音樂療法來幫助病患，以下我們就來談談音樂療法的八大功效。

1. 音樂可以分散病患的注意力，讓他們忘卻身體上的病痛，因此它被當成是減輕疼痛的方式之一，甚至可以解決病患失眠的苦惱。
2. 音樂可以緩和緊張的情緒，使人沈浸在輕鬆的氣氛之中，同時可以消弭對死亡、痛苦的多餘恐懼。
3. 令人懷念的旋律可以使病患回想快樂的往事，如同在晦暗的生活中點燃一盞明燈。

4.偶而可能也會聽到令人不快的音樂，勾起不愉快的回憶，但是病患正好可以利用這個機會反省自己過去未解決的種種問題，如果可以在過世之前獲得解決的話，我相信他會走得更安詳平和。

5.音樂可以解開溝通的死結，有時候甚至有令人意想不到的感動產生。

6.音樂有助於病患擺脫死亡過程中的精神動搖，找回內心的平靜。

7.音樂本身可以超越時間與空間，給予人象徵永遠的希望。

8.音樂更可以幫助病患家屬治療哀傷，幫助他們重新面對自己的人生。

紐約卡布里尼看護之家特地將音樂療法納入醫療體系中，並且實施生命回顧療法，心理治療師首先詢問病患是否有特別喜愛的音樂，如果能找到病人偏愛的音樂，一邊聽音樂一邊和病患對談，在對談中進行治療輔導的工作；另外也會教導病人彈奏一些簡單的樂器，使他們了解到即使生命所剩無幾，仍然能夠學習新的事物，藉此給予病患勇氣。

接下來我們回到死亡準備教育的第十二目標：積極學習死亡的藝術，豐富自我的第三人生（老年期）。

近年來新興一門學問——死亡學，這是老人問題中必須注意的一大重點。

相信大家都知道日本已邁入高齡化社會，不久之後每四個日本人中就有一個是老年人，因此老人問題已廣為社會所關心，在眾多問題之中最為老年人煩惱、卻被大家所忽略的問題便是無法面對死亡。

人一旦上了年紀，即使心裡不想提也會意識到「自己的生命即將結束」；照理說大家應該儘早了解死亡，但是我們的社會卻不容許談論這類的事情，所以我衷心期盼大家能正視死亡問題，把它當成一門藝術，幫助老年人找出一種有價值的死亡方式。

第十三目標是「探索個人的死亡哲學」。這個目標的重點在於「當我們看待死亡問題時必須從既定的文化、教育模式中解放出來，尋找出不同時代、不同文化背景所應有的生死觀，進而自由地選擇自己的死亡觀念，展現自我個性」。

這個目標並不是單從社會或醫療工作人員著手即可，必須要每個人都盡力地找出屬於自己的死亡哲學。

臨終的希望——第十四、十五目標

再來談到第十四目標：探求不同宗教對死亡的詮釋。透過學習各種宗教的死亡觀念可以幫助我們找出生命價值與死亡價值間的相互關係。

日本宗教界必須面臨的挑戰是「培養正確的生死觀」，至今日本人都尚未找到合適的死亡準備教育，這一點正是所有宗教家必須正視的問題，並且積極加以解決。

我以哲學家、教育者的立場編纂《死亡準備教育》一書，這項工作尚在進行中，在編纂的過程中我深切地體認到宗教家必須為死亡準備教育盡一份心力，我期盼宗教家能站在宗教的立場發揮最大的功能來幫助臨終的病患，就像先前提到的歐美神父、牧師一樣，熱心鑽研死亡問題，盡心盡力地在醫院、看護之家照顧臨終病患，充分地發揮宗教的力量，由於他們努力的成果讓我更深切地感受到宗教的力量絕對不容忽視。

最後第十五個目標是「積極思考來世的可能性」。

由於大家對「死亡是否為生命的終點」認知的不同，將會使得每個人的死亡觀念也不同，人生也將因此有相當大的差距；如果認為死亡是另一段新生命的起點，那麼人生中所有的努力也不至於白白浪費；堅信死後生命依然會以不同形式延續下去的人將會找到現在生命的意義，如同哥德所言：「對於來世不抱持希望的人等於在現世就已死亡」。

基督教徒相信死亡並非生命的終點，而是邁向天堂永遠幸福的第一步。事實上不只基督教有這樣的觀念，幾乎所有的宗教都會談到來世、死後的世界，所有的葬禮也都是以「來世存在」為前提而舉行的；無論任何民族、文化、時代都相信死後的世界是存在的，對於來世抱持強烈的關心是人類共同的傾向，我想來世的觀念和人性有著很深的淵源。

在哲學史中有相當的部份是在談論死後的世界；另外我們常把人生中的失去經驗當成是一種「小小的死亡」，緊接而來的會是「小小的重生」，依此類推「真正的死亡」之後就會有「真正的重生」；文學家也會在作品中提供我們對死亡世界產生另一種印象深刻、充滿靈感的視野；另外我曾經在《未來人類學》（中村友太郎編，理想社出版）一書中以「超脫死亡的生命——人類永遠的次元」為題，詳細陳述了應該如何思考死後的種種問題，文中以我和世界各國的臨終病患接觸之經驗為基礎，證實了對於死後世界抱持希望的病患會得到很大的幫助。

來世的話題遠比各位想像中來得重要，對於一個臨終病患而言，他最希望了解的就是死後的種種問題。

但是在日本社會中沒有人願意敞開心胸和他們討論，醫護人員、家屬只會用「不可以說這種洩氣話」、「拿出勇氣和病魔對抗」、「你一定要相信現在的醫療技術」等等話來搪塞，因為在日本死亡是一種禁忌話題，追根究底就是因為大家都害怕面對死亡，提不起勇氣來談論死亡問題。

宗教家的一大任務就是要破除這種禁忌，進而製造機會讓大家討論這個話題，使臨終病患也能敞開心胸思考死亡問題，從而獲得心靈上的平靜。

我的老師將「希望」區分為「日常的希望」與「根本的希望」兩種，所謂日常的希望是指希望明天天氣轉好、希望下次考試及格、希望進入好的公司等等。

但是當我們知道自己得了不治之症、即將面對死亡時，應該對未來採取積極的態度或是消極地接受事實呢？也就是說對未來是否抱持根本的希望？這是決定往後人生的重要關鍵；在人生的最後階段中對未來抱持希望與否將會影響到對死後世界的看法，如果能夠敞開心胸面對死亡，就能找出自己對死後世界所抱持的態度為何。

一般人最關心的問題是死後能否再和親友相見，每個人都希望死後還能和親友相見以及保有良好的人際關係，這樣的根本希望可以加強病患和朋友、丈夫、妻子之間的信賴與愛情，如果肉體死亡後生命仍然可以存續，那麼我們將可以永遠保有良好的人際關係。

就這點來說，基督教與佛教對於永生的希望略有差距，我倒是希望基督教的牧師與佛教的和尚能有機會就這一點進行對談。我是天主教徒、存在主義者，所以我堅信死後一定能和自己的親朋好友再次相聚。

以上就是死亡準備教育的十五大目標。

三、醫療與幽默感

最後一個部份談到死亡準備教育中的醫療與幽默感。

醫療與幽默感是日本醫學界應該留心的一大課題，其實幽默一詞原本是屬於醫學用語，源自於拉丁文，意為人體中的液體，也就是體液。

中世紀歐洲的醫生認為幽默對人類非常重要，如果人失去了幽默就無法生存，如同失去體液就無法存活一樣，所以幽默一詞是由醫學上的意思發展到今天的字義。

幽默與健康

人生失去了幽默將會變得平淡無奇，最近研究老人醫學的學者也明確指出一般身心健康的老人有一個共通的特徵，即是他們極富幽默感。

我每年都會利用大學一年級人類學的課做研究調查，記下一些在課堂上從來不曾開口笑的學生，再觀察他們課後的生活狀況，最後我大致歸納出一個結果：在課堂上從來不笑的學生經常會生病、經常回鄉下的家、甚至有些人自殺未遂，由此可見生活態度過於認真的人容易生病。

最近報章雜誌常說肥胖是一種疾病，因此我決定減肥，每天花一點時間游泳、慢跑；在我慢跑的途中會經過四谷車站前的警察局，我通常會在警察局前的佈告欄前駐足片刻，看一看佈告欄上的公告。

有時候佈告欄會有一些通緝犯的照片，我會先看看有沒有自己教過的學生，當然，我希望沒有……。

這些通緝犯的照片有一個共通點，每個人的表情都很嚴肅，沒有一個是嘻皮笑臉，我對其他警局的狀況不太了解，至少四谷警察局的通緝犯都是這樣的，因此我斷然地下個結論：太過於正經的人不但容易生病，而且容易犯罪。

表現出充滿愛與體貼的幽默

幽默的出發點是體貼他人，也就是一種愛的表現。

當我們愛一個人、對他說：「I love you」時，首先一定要注意他需要什麼、期待什麼，而不是擅自決定自己應該怎麼做。依照自己想法做事的表現並不是愛；大多數的人都會期待和自己相愛的人在一起，期待一種沒有壓力的溫馨氣氛，這種氣氛可以經由幽默來營造。

同事、同學、家人中有一個人發脾氣時，整個氣氛會變得很凝重緊張，最後我們可能因為長期的壓力而罹患癌症，所以就必須透過幽默來緩和緊張的情緒；人不可能同時又笑又生氣。一個能藉由幽默感營造溫馨氣氛的人才是真正愛的表現，所以幽默的定義應該是對周遭的人一種體貼的表現。

一提到「幽默感」，日本人就以為是電視上一連串無聊低級的笑話，究竟幽默與玩笑有何分別呢？一般來說，玩笑是利用一些雙關語或者抓住一個時機開玩笑，屬於智商層面；幽默是心與心相連、一種人格的表現，在某些場合中玩笑可能是一種很好的幽默表現，但是一些低級損人的笑話絕對不能說是幽默。

幽默與歡笑的溝通

幽默與歡笑都是良好的溝通方式，尤其是在醫院中，醫生與病人、護士與病人、社工人員與病人都需要有良好的溝通方式，而幽默與歡笑就是一種無言卻又貴重的溝通方式。

一臉嚴肅正經的表情是無法和人進行溝通的，當你要和別人談話時一定要保持微笑、心情愉快，微笑是一種沈默的溝通，特別是在醫院與臨終病患接觸時更需要以微笑來拉近彼此的距離。

當醫生確定病人得了癌症時，總是會擺出一付特別嚴肅正經的表情，護士、老婆（丈夫）的臉色也會顯得特別凝重，這無疑就是對病患宣告了死期，只要病人還有一點知覺的話，他一定立刻察覺到「自己的日子不多了」，每個人正經的表情彷彿是告訴他：「你快死了」，我認為這是最差勁的告知方式，所以說在臨終看護時幽默是不可或缺的溝通方式。

舉例來說，當我們和一個陌生人並肩看電視，看到令人發笑的情節時，一定都會大聲笑出來，即使對方是不認識的人也會有某種程度的認同感，所以說幽默可以使人與人之間相互結合；反之，如果完全不願意展露笑容，老是緊繃著臉的話，那麼溝通就無法順利進行。我就曾經有一次難忘的經驗。

有一次參加醫師協會主辦的晚會，我用想英文和一位初次見面的醫生聊天，他的表情看起來非常緊張，以至於難以親近，他正經的表情似乎告訴我：「我的英文很差，不要過來和我講話……。」如果當初這位醫生能以微笑代替正經的表情，我們可能可以談得很愉快。

同樣的狀況如果發生在醫院，醫生正經嚴肅的表情會給臨終病患不好的印象，彷彿宣告：「你已經沒救了！」所以這個時候我們應該以笑容面對病患，不需要特別的溝通技巧，善意的笑容就是最佳的禮物了！

永遠保持微笑

大家可能對幽默有所誤解，以為幽默感是與生俱來的，其實這是無稽之談。

德文中有一句話替幽默一詞下了一個最好的註腳。

「所謂的幽默就是永遠保持微笑。」

「永遠保持微笑」是指即使自己心情不好也必須對別人保持微笑，這是一種愛的表現，更是一種有深度的幽默。

我自己也是在非常不愉快的情況下發現幽默的真意；我的人生中最艱苦的日子應該算是剛到日本的兩年，剛到日本時我只會「再見」、「富士三」兩句日文，而且還被別人糾正應該是「富士山」才對，當時我才知道我懂的日文有百分之五十是錯的，即使我拚命地背兩百個單字，最後還是會忘掉一百個，現在回想起來真是一段悲慘歲月。

那時有個日本家庭非常熱心地邀請我到他們家做客，我非常擔心，因為他們完全不懂德文，也只會一點簡單的英文而已，這時有個美國朋友告訴我：

「不必太擔心，你只要記住三個大原則就好。」

「第一是要保持微笑，第二偶爾點頭示意，第三是適時說聲：『對』。」

我鼓起勇氣到日本人家，女主人一直很熱心地向我解釋日本人的生活習慣，我也笑著聽她說話，當然就像是鴨子聽雷般，什麼也不懂，但是由於我表現得體，不時給予回應，女主人很得意地說：「太好了！你都聽得懂！」

原本一切進行得很順利，但最後還是出了紕漏；吃完飯女主人說了一句我聽不懂的話，我照樣笑著點頭說：「對！」頓時他們一家人都楞住了，接著就是一陣笑聲。

當時我不知道他們究竟在笑什麼，之後才從美國朋友那兒得知原來女主人說：「都是些粗茶淡飯！」我羞愧地想找地洞鑽，更氣自己搞不清楚狀況就隨便回答：「對」，但是經由這件事使我頓悟到一個道理。

雖然我已經打算在日本終老一生，但是我的日文怎麼樣也不可能講得像日本人一樣好，而且一定是不斷地重複失敗，如果每次都可以一笑置之的話，也就是保持幽默，反而可以和大家更親近，甚至轉禍為福；正當我苦惱於自己的愚鈍、為自己的錯誤感到痛苦之際，我發現了幽默的重要。

上智大學有一百多個外籍教師，分別來自二十四個不同的國家，每個人都曾有過類似的慘痛經驗；有位老師上公車時本來想對司機說：「麻煩在四谷車站讓我下車」，結果卻說成：「麻煩在四谷車站讓我煞車」，當時司機聽得一頭霧水；另外一個德國朋友到日本來看我，把「保溫瓶」說成「報溫瓶」。外國人無法避免語言上的錯誤，當然我也飽受其害。

在座的醫療工作人員、宗教家想必在工作上會遇到許多困擾，如果大家都能秉持「永遠保持微笑」的原則，一定可以緩和所有的不愉快，記住要發自內心地微笑！

人快樂的時候不多，反而是煩惱痛苦的機會比較多，如果我們能苦中作樂，永遠保持笑容，不僅對病人有好處，對自己的工作夥伴也有助益，更可以使得周遭氣氛和諧，如此一來生活中的歡樂就會相對增加了。

我希望大家能耐心體貼地對待臨終病患，同時也要重新思考幽默的重要性，死亡教育的最終目的就是要培養一顆溫暖的心。

（上智大學教授）

完成人生的醫療與宗教

早川一光

一、脫離日常生活的醫療

在京都的第一步

我從小住在京都；一般人對京都的印象是眾多的寺廟、聳立的廟宇與茂密的林地等等，生長在這樣的環境中，使得我意識到有必要將醫療與宗教合併思考。

什麼動機使得我有這種想法呢？近年來醫療技術不斷進步，甚至到了獨立作業的階段了，姑且不論器官移植、心臟移植等等先進的技術，前些日子報章雜誌上喧騰一時的精子分離術、遺傳基因重組等醫療技術更是無庸置疑；但是當這些技術尚在實驗階段時，總是祕密地進行，等到數十人通過實驗之後，才漸漸地對外宣布……。現代的醫療已經走到這種地步了。

我在京都一個封建古老的城市西陣工作，從昭和二十五年至今也有三十八年了。

最初我致力於研究結核病，當時結核病是人民畏懼與不安的疾病；當然除此之外也有許多傳染病。

臨床上有許多小孩因為赤痢而夭折、年輕人因為結核病引起的呼吸困難而喪命；在病床前照顧病人是我的職責，因此根本無法避免去面對這些慘劇，即使是已經束手無策的病人，我也必須默默地守在病床邊，無法離開。守著病床無所事事是一件非常痛苦的事。

現在我經常會想起當時患有結核病、呼吸困難的年輕人，按理說這些年輕人應該正值意氣風發，但是他們卻臥病在床；而這類的例子為數不少。

他們並非年事衰老、走到人生的盡頭而自然地面對死亡，當時他們很清楚自己的病情，預期自己的生命即將邁入尾聲；有人對我說：「醫生，我大概活不過今晚了，謝謝你這些日子的照顧。我的小孩年紀都還小，雖然不甘願就此離開他們……。一切就拜託你了。」

當時我無言以對，也無法為他做些什麼；一向致力於研究醫學的我在面對即將死亡的病人時，也只能緊握住他的手，在病床邊默默地守護著，除此之外，別無他策。

為什麼無言以對呢？當病人對我說：「我大概熬不過今晚了，謝謝你的照顧」，我不可能回答：「不會！不會！」，因為這不是一般的離別；另外更不可能允諾：「我會好好照顧你的小孩」，這種話簡直是謊言。

我連自己的小孩都照顧不好，哪有餘力再去扶養別人的孩子呢？我不想對他撒謊，因此我只能靜靜地坐在床邊。這樣的過程是非常難受的。

另一個飽受煎熬的經驗是小孩子因傳染病而死的事件。

由於我的笨拙而沒有發現她患了白喉。經過是這樣的：媽媽帶了一個三歲左右的小女孩到醫院來，請我看看女兒得了什麼病，稍作診斷後，我說：「只是扁桃腺發炎，不用擔心，小孩子經常會這樣，開一些藥讓她吃就沒事了。」

過了幾天，這位媽媽又帶小女孩來，說她女兒的情況很奇怪，我突然想起學校一位小兒科老師說的話「母親是名醫」，「老是肚子痛應該是有異狀。」於是我又仔細地檢查一次，發現小女孩喉嚨兩邊長滿帶狀的白點，「糟糕了！」趕緊把她送到傳染病科，但是隔天她就回天乏術了。

那時的心情……。令我心酸的是當小孩離開人世時，那位母親沒有掉一滴眼淚，看到母親哀傷卻沒有淚水的臉龐，令我更加心酸。

有句俗話說：「朝為紅顏，夕成白骨」，身在京都的我又聽到寺廟的低沈鐘聲。

「祇園精舍鐘聲響，訴說世事本無常；沙羅雙樹花失色，勝者必衰若滄桑。驕奢主人不長久，好似春夜夢一場；強梁霸道終殄灰，恰如風前塵土揚。」

從這時起我領悟到生命的短暫與無常。

國中教科書裡讀過《平家物語》，當時體會不出其中真意，此刻相同的鐘聲在京都西陣響起，我才領悟到書中所謂的無常，深切地感受到生命的短暫無常，同時也了解到更重要的一件事：正因為我們生命的短暫無常，所以我們更應該尊重生命。

八月十六日中元節時經常可以看到煙火，黑暗的東山頓時被火花照亮，當我們看到燦爛的火花散落，照亮整個天空的同時，一下子火花就漸漸熄滅，消失在空中，天空又再度恢復黑暗；十分鐘前才放的煙火吸引住所有人的目光，卻一下子就消失了，前後不過十五分鐘。

煙火短暫稀少所以可貴，如果每天都可以看到煙火的話，大概不會有人注意它，也不會稱讚煙火燦爛奪目了吧！或者說煙火像是霓虹燈一樣，像是自動販賣機一樣，投十元硬幣就可以看得到的話，大概也不會有人大老遠地跑來看煙火了！所以說放煙火還是一年一次就好，短短十五分鐘的煙火最吸引人，如果碰到雨天就得等到明年了；十五、二十分鐘之內大家屏氣凝神只為了看稍縱即逝的煙火，我覺得這是一種最自然的氣氛了。

當我佇立在病人床前，感嘆生命無常的同時，我告訴自己正因為生命短暫無常所以更應該珍惜、尊重生命；更體認到我應該更加努力研究醫學，如果我的醫術不好的話，說不定連一點小毛病也都醫不好，這是身為一個醫護人員應該抱持的嚴肅態度，也是我致力於醫學研究的第一步。

第二步——醫學治療的限制

接下來的十年我不斷努力研究傳染病的病因，而後又開始治療高血壓、糖尿病、癌症等等成人疾病以及西陣地區的居民容易罹患的膽結石、膀胱結石、腎結石等毛病。

這些疾病多半是因為長時間坐在辦公室工作所引起，鎮日坐在辦公桌前，缺乏全身運動使得血液、腸胃無法順利循環消化。俗話說流水不腐，靜水易臭，就是這個道理。血液消化分泌如果不順暢是個不好的現象，因此西陣的居民才容易罹患結石方面的疾病。基於這個原因我又開始注意、研究這類的疾病。

又經過十年，我開始注意到當年的中堅份子漸漸都上了年紀，原本來診所看病的四十歲壯年如今已是八十歲老翁，以前身體硬朗的五十歲太太也已是八十幾歲的老太太了；雖然我現在的病人大多是老人家，但是我並不覺得自己是「替老人看病」，我是在照顧一群曾經為西陣地方犧牲奉獻、為了撫養子女而盡心盡力的人，陪伴他們走過人生的最後一段生命。

三十八年來我一直都希望能在老人臨終前聽到他們說：「我這輩子沒有白費了！我擁有一段美好的人生！」、「能住在西陣真好！」或者說：「能認識這麼好的醫生真是三生有幸！」等等，我必須強調：我會特別照顧老人並不只是因為我喜歡他們。

在醫學領域中，老人的病痛問題不勝其數，當我致力於研究老年人疾病時才意識到醫學也有束手無策的時候。

現在結核病已經絕跡，各種傳染病也大為減少，取而代之的是高血壓等等的成人疾病，由於醫學相當發達，即使罹患糖尿病也可以經由適當的治療加以控制，延長壽命；但是當我看到飽受病痛折磨的西陣老人時，心中有一股非常強烈的信念：我們必須為這群老人盡一點微薄之力。

每個人都會經歷死亡，重要的是怎麼樣的生命才會讓自己覺得不虛此行？我期待每個人在臨終時都會有「不枉此生」的感動，能夠肯定自己的人生，而不是以「一輩子一事無成」、「但願不曾活過」等等消極的感嘆作為人生的註腳。

因此我必須進入一個完全不曾學過的領域中和老人接觸，但是我無法順利進入這個領域。最大的問題在於心態，當我們面對老年人時必須留意到安身、立命等等心靈上的問題，醫生必須考慮到如何使病痛中的老人仍然能夠心平氣和，保持心靈的平靜。

這個問題絕對不是「把病醫好」、「切除不良腫瘤」幾句話就可以解決，醫生和病人的關係不能因為病癒就斬斷，應該守護到他生命的最後一刻。對我而言，身為醫生最重要的就是要教導老年人如何迎接自己臨終的最後一刻。

老天爺的眼鏡

戰後的西陣物質匱乏，人民生活極為拮据，很多人即使生病也無處可醫；當時我憑藉著年輕人一股血氣，毅然地踏入他們的生活中，雖然醫術未臻完美，但也足夠在這個醫療缺乏的地區盡一己之力。

那個時候小孩子常吵著：「我肚子餓！我要吃飯！」偏偏西陣地區非常貧窮，母親只好把長輩留下來的遺物拿出去典當，或者拿自己織的腰帶去換米。

當時米糧受到嚴格管制，甚至連警察都會在車站附近搶劫米糧，所以這些媽媽會小心翼翼地把米包在手巾裡，然後藏在腰帶裡面，以免被警察看到，然後抱著米搭四、五個小時的火車回家。

很多太太因為拉肚子到診所來求醫，我本來以為是吃壞肚子或是食物相沖而引起腹瀉，奇怪的是他們每個人都是出門換米的隔天就有拉肚子的現象，這種情形即使翻遍書本也找不出原因，在醫學院讀書時也沒學過，後來才發現原來是米藏在腰帶裡會引起腹瀉，因為米是極冷的東西，壓著肚子四、五個鐘頭之後會引起腹瀉；有了這個經驗後，每當我遇到便秘的病人就請他回家把米綁在腰際間睡一個晚上，隔一天就會排便了。

由於在西陣累積的眾多經驗，我了解到在學校所學的只適用於一般人，同時也體會到生活在困苦之中的人比較無法接受現代醫學。

舉個眼鏡的例子來說。很多西陣地區的老太太從事織布的工作，由於長時間工作使得他們視力衰退，到眼科診所檢查，醫生仔細地替他們驗光，然後找出一付最適合的眼鏡，但是這些老太太戴上眼鏡之後卻看得更不清楚，所以他們丟掉眼科醫生的眼鏡，自己到寺廟前的攤販買眼鏡來戴，大家都說這種眼鏡是老天爺的眼鏡。

戴上攤販的眼鏡之後，他們又可以繼續織布工作了，而眼科醫生經過仔細驗光、利用現代醫學技術所配的眼鏡竟然一點也不管用。由這個例子看來，我開始懷疑現代醫學是否已經脫離了一般人的日常生活？

二、榻榻米上的往生

人生舞臺的導演

先前說到的這些西陣太太辛辛苦苦地把米帶回家後，自己根本吃不到飯，而是讓自己的小孩吃飽，看著小孩滿足的表情問他們：「有沒有吃飽？要不要再多吃點？」小孩滿足地回答：「吃飽了！」之後，母親才會拿起幾乎見底的飯鍋，再加點熱水泡成稀飯勉強下肚，這是我經常看到的情形。

含辛茹苦地將自己小孩拉拔長大的這些太太如今已將近八十歲了，我們有義務關心他們的老年生活以及如何結束人生，這是我最掛心的問題；因為很多老人像是被拋棄般地送進老人安養院，從來沒有人來探望他們，難道他們就要在這種情況下走完人生嗎？我堅決反對！由於我意識到自己必須致力於改善他們的現狀，因此我要在這個公開場合呼籲大家：「不可以容許我們的長輩有這樣的下場！」

有一對夫婦把母親送到醫院之後就不曾來探病，只是每個月十號按時到醫院來繳醫藥費，從來沒有到二樓去探視母親；我知道這種情形後非常生氣，特地在醫院門口等他，抓著他的衣領說：「你應該去看看你媽媽！一下子也好。」他竟然回答：「不行！我今天很忙！」「別找忙碌當成藉口，現在你只要花幾分鐘上二樓去就可以看到媽媽了，萬一她有個三長兩短，到時候後悔都來不及……。」

他一直認為母親的病不嚴重，卻不知道事實上母親已經命在旦夕了。

仔細想想現代的人都看不到自己雙親死亡，因為父母生病被送到醫院以後，一直等到斷氣後子女才到醫院領回屍體，試想：我們可以以這樣的方式結束父母的生命嗎？

這是很嚴重的問題！人並不是自己長大，而是依賴許多人的照顧才可以平安地長大成人，我想提醒各位：如果我自己的小孩也像剛才那對夫婦一樣的話，我們養兒育女所為何來？我們的人生又有什麼意義呢？老年人應該在什麼地方終老一生呢？當然是自己家中的榻榻米上了。

我所謂的「榻榻米」並不是指日式的臥室而已，而是自己家中、自己熟悉的環境。

在醫院病人心臟停止時醫生會立刻替他們做人工呼吸以及其他急救措施，一旦宣告死亡就會立即通知家屬到病房來見病人最後一面，請問這樣的形式有何意義？

人生的最後一段時間最好還是能在家裡、兒孫圍繞床前，這種場面才是結束一生的最佳舞台……，但是大多數的人都做不到！

翻開報紙上的訃聞，內容多是某年某月某日病逝某家醫院，只要看到一篇不一樣的訃聞寫著病逝於家中，我會感到非常欣慰，心中的重擔又減輕了一點。

家庭看護勝於一切

我想提醒各位醫護人員一句話：天下無難事！我們有義務要推廣「榻榻米上的往生」的觀念，讓生病的雙親在家中休養，和家人一同面對病痛的折磨。

我最關心的事情是老年人應該在什麼地方、什麼時候終老呢？我的醫療工作也是以此為方向。

現在我每個禮拜出外診兩次，其餘時間都留在醫院門診；主要的工作之一是推定死亡時間，這對臨床醫生而言是一項嚴格艱難的挑戰，仔細了解老年人的病情之後，如果我推定「六月二十八日左右」，這個病人大概就是活到六月二十八日了。

為什麼我可以如此武斷呢？除了依據老年人的身體狀況、病情來判斷之外，更需要了解病人和家庭間的互動關係如何，這是推定死亡時間的一項重要因素。

我會特別注意媳婦的表現，「如果是這樣的媳婦大概可以多拖延兩、三天」、「如果是那樣的媳婦在照顧的話可能拖不了多久」、「有這麼善體人意的媳婦應該可以多活好一陣子」等等，因為看護者的細心程度不同而會影響到病患壽命的長短，醫生最後的醫療沒有太大的影響，完全有賴於家庭看護，所以說家庭看護勝於一切。

有些家庭對病患照顧得無微不至，這是醫生、護士都做不到的。例如有個老年人病況危急，但是我仍然吩咐家屬多少餵他吃些流質食物，於是家屬每隔數小時就不厭其煩地餵他吃東西，這樣的耐心與毅力令醫護人員望塵莫及。加入家人的照顧程度來推定死亡時間，通常會使我的判斷更準確；如果我說病人大概在八點左右斷氣，他真的會在八點左右離開人間，所有的親戚朋友會在八點之前全部集合到病床前。

我既然推定病人八點左右斷氣，無論如何都得讓他活到八點，在此之前我必須拼命地為他急救；如果病人在八點以前就去世，那就是我的恥辱了。

「醫生說大概可以拖到八點，我們八點以前趕到就好了」，然後所有的親戚朋友都在八點到達病患家裡；如果病人不幸提前在六點過世，大家就會責怪我：「醫生，不是說八點嗎？怎麼會這樣？害我見不到他最後一面！」相反地，如果病人八點過後尚未斷氣，我的日子也不好過，有個病人甚至還拖了兩三天，我真的不知道應該怎麼辦。

我曾經碰過這樣的情形：有個親戚特地從九州到京都來見病患最後一面，結果病人遲遲未斷氣，親戚問我：「醫生，如果我先趕回小倉再回來，來得及嗎？」我實在不知道應該如何回答，如果叫他不要回去似乎不合情理，因為他說家裡還有小孩要照顧，另外也有急事要處理。遇到這種狀況我真的不知道如何是好。

暫且撇下這些不談，總歸一句話，醫生在臨終看護工作中的角色就是要創造一個舞臺，醫生是這個大舞臺的導演，主角是即將病逝的老年人，其他親朋好友則是配角；主角最主要的任務就是要讓所有的人見到他最後一面，在家屬、親友、兒孫的圍繞之下走完人生最後一步。身為醫生的我期許自己是個稱職的導演。

死亡看護

我生長在一個大家庭，從小和祖父母、父母住在一起。

有一次祖父不小心在浴室跌倒，從此一病不起，最後引發肺炎而死。當時我只有三歲，在祖父即將斷氣時，三更半夜被父親叫起，帶我到祖父房裡，坐在祖父床邊，父親要求我「無論如何眼睛要一直注視著爺爺」，我就這樣被迫看著祖父過世。

枕頭邊放著祖父慣用的杯子，裡面盛滿了水，另外也擺了一枝裹著棉花的筷子；父親吩咐我用沾濕的棉花抹在祖父的嘴唇上，又再次叮嚀我：「眼睛不可以離開爺爺」，因此我目不轉睛地看著祖父。不久之後，祖父「啊」地一聲吃力地吸了一口氣，臉色發紫就過世了。當時看到這一幕的體驗多少有助於現在醫生的工作。

那時我的心被兩個情景所震撼，一個是祖父在生死之間全力搏鬥的面容，一個是父母當時的反應；母親抱著即將過世的祖父一直拼命地喊：「爸爸！爸爸！」我從來不曾看過母親如此驚慌失措，心目中的她一直是個溫柔的女人，就像是母雞一般，而今天她彷彿是被貓追趕的母雞，聽到她的淒厲的叫聲令我終生難忘。

坐在一旁的父親一直盯著祖父，視線從來沒有離開，淚水不停地流，這是我第一次看見父親流淚。

人的死亡竟是如此驚心動魄，從祖父過世的經驗中我看到三次動人心弦的場面，祖父就在這種情形下離開人間，含笑九泉。我認為每個人都應該有一次親眼目睹死亡的經驗，因此我一直致力於創造一個特殊的情境，讓家屬能在旁照顧即將臨終的病患，使病患能夠很有尊嚴地離開這個世界。

我想起一、兩年前一次非常特殊的經驗。即將臨終的老太太抖動著下顎，吃力地說：「我大概快不行了吧！」接著把手伸到枕頭邊，好像在找什麼，我心想她該不會想帶著存款簿離開人間吧？心中期望事情不是這樣。

嫁到九州後不曾回來看過母親的大女兒看到媽媽的樣子，以為是在找自己的手，於是握住媽媽的雙手，卻被甩開了；接著嫁到名古屋的二女兒也伸手握住媽媽，還是被甩開！最後媳婦從後面伸出手來，老太太緊握住媳婦說：「辛苦你了！謝謝！」

媳婦聽到婆婆臨死前能夠放下身段對自己說出這樣的話，感動地抱住她，大聲叫著：「媽」，婆婆用最後的一口氣回了一聲：「啊——」就離開了。我可以感覺到媳婦的一聲「媽」使得老太太可以安心地離開人間。

這位老太太是非常傳統的婦女，久住京都的人非常遵守禮俗，例如陌生人到家裡來不可以表現得太親切，對媳婦要百般挑剔，無論表現好不好都一定要發脾氣。

即將臨終的人必須要超越愛恨才能走得心平氣和；身為一個京都傳統婆婆，她非常在意自己生前對媳婦種種的嚴苛要求，感謝媳婦仍然能夠不辭辛勞地照顧自己，所以她臨終前能夠敞開心胸對媳婦說聲謝謝，實屬難得。

醫生的任務不僅是要治療病人，更應該幫助病人懂得感恩、慈悲之心。

如果醫生認為自己只要「治好病人的病就算完成任務」的話，病人心中會對醫生以及他的醫療產生不信任；現代人需要的不僅是身體上的治療，更應該是一種發自內心的關懷。

保護生命

我一直希望能在全國推廣「榻榻米上的往生」。記得有一次我到北海道和醫師協會的醫生舉行座談會，有一位醫生告訴我：「雖然早川醫生說應該要常常出外診去看病人，但是要北海道的醫生出外診是一件相當困難的事。」我想想也是事實！北海道和京都不同，城鎮之間的距離非常遠，在北海道拓荒之初四、五十年，醫生只要出一次外診，大家就會猜想他大概回不來了，因為當時的北海道還是蠻荒之地。

有一位醫生冒著大風雪到病患家裡看病，回程時卻迷路了，醫生家人發現他久久未回來非常擔心，於是派人出去找，最後發現時這位醫生已經凍死在路上了。這是北海道的醫生告訴我的事實，我才了解到「北海道的確不同於京都」；在京都出外診時，一個上午三個鐘頭我大概可以看十五、六個病人，我不曾因此而自滿，而北海道的醫生如果受病人之託到家中看病的話，卻必須冒著「可能再也回不了家」的危險。

平常我在京都出外診時，一年之中也只有一、兩天下雪，和司機、護士三人一同搭醫院的公務車出外診，道路平坦安全，三十八年來我不曾擔心過自己一去不回，更不曾冒著生命危險去替病人看病。

有一次一位西陣老太太來醫院看病時對我說：「像早川醫生這樣才能算的上是真正有良心的醫生！」

「別當著我的面說這種話！其實我一點也不像醫生。」

「你的確和其他醫生不一樣！能讓你替我看病就算死也無憾。」

「亂說！我怎麼樣也要治好你的病，怎麼可以說這種傻話！」

我才說完，這位老太太立刻回答：

「醫生！每個病人都希望能把病醫好，所以才會到醫院來看檢查、治療；像你這麼好的醫生……，只要能讓你治病，真的死而無憾！所以我才會到這兒來。」

「為了能讓某位醫生看病，就算死也無憾」，這是多麼嚴重的一句話！究竟有多少病人有這樣的想法呢？我非常認真地思考這個問題。從醫四十年來，是不是每個病人都這麼不信任我的醫術，心中懷抱著遺憾離開人間呢？我一直在想應該如何改善這個現象，我一定要成為一個能博得病人信任的醫生，這樣才能提供病人真正的需要。

最後終於有一位老太太對我說：「醫生，我斷氣的時候你一定要在我身邊！」往後又有四、五個人也這麼對我說過；經過了三十八年，只有四、五個病患真正滿意我的醫療，讓我覺得自己的工作彷彿是在掏金一樣，要從一堆砂子中找出值錢的黃金。

「難道這就是我三十八年來的醫療成果？」從另一個角度看來，三十八年來終於有人肯信任我的醫療，也許有人會認為：「這樣已經很好了！病人與病魔長期對抗下，他還肯這麼說已經很難得了！」但是我還是非常介意幾千個病人不信賴我的事實，他們都是在不滿的情況下離開人間！

現在的大學醫學教育非常缺乏「祈禱教育」，這在臨床時是一種必須的技巧；通常一個醫學院學生一進學校就開始上物理化學，然後進入解剖、生理、病理等等課程，接下來就是臨床實習了，因此學生被教育成只會以科學的角度思考問題。

從前我們在醫學院的時候還有學長制，在學長的嚴苛要求之下我學到了許多經驗以及與醫學無關的常識，當時我們甚至要在寒風中穿著木屐在校園大喊：努力用功才能解救病人。

臨床實習時我被分配到外科，當時出了一些狀況令我印象深刻。學長在一旁看我動盲腸手術，我拼命地想要找出腹腔中的盲腸，卻怎麼也找不到，心裡十分緊張，在一旁的學長兩三下就替我找出來了，可是他又把盲腸放回原來的位置，要求我重新再來一次，結果我還是找不到，就在一次又一次的練習之後，我終於學會了！

另外一次經驗是我在手術進行當中無意地說了一句：「糟糕！」，手術結束之後學長非常嚴厲地斥責我：「你當著病人的面怎麼可以說這種話！」他很生氣地告訴我：「病人麻醉之後雖然沒有知覺，但是他仍然可以聽得到外界的聲音，你想一想，當他聽到開刀的醫生說：『糟糕』時，他的心裡會有多麼擔心、多麼不安呢？你自己好好反省一下！」

後來學長教我：「真的碰到這樣的狀況時就說德文。」這個教訓使我受益良多。我真的很感謝學長，他不但教我們醫學上的知識，連一些細微該注意的小地方都傾囊相授。

我在醫學院所學到的是「醫生的工作要面對的是活生生有感覺的人，一舉手一投足都會影響到病人，因此凡事必須小心注意」，數十年來我一直謹記在心。

現在年輕的醫生在學校學的都是醫療教育，完全不在意醫療倫理、對生命的敬畏等等，學長也不會教他們，所以學生只學到如何解讀檢查報告這一類的技術而已，我們真的必須重新檢視現在的醫學教育了！

三、回歸醫德與佛心

請宗教家回到醫院

雖然西陣的病人會對醫生、護士說：「辛苦了！謝謝！一切都是託你們的福。」但是我心裡很清楚他們並不是發自內心說這些話。事實上他們並不相信醫生，為什麼會演變成病人不信任醫生呢？這必須歸咎於醫生的傲慢；為什麼病患面臨死亡時會如此恐懼不安呢？這就必須歸咎於宗教家的怠慢了。

現在宗教家的當務之急是要回到醫院，在醫院的會議室或者任何可以演講的地方向病患解釋何謂生命、何謂死亡，以及如何才能減輕死亡的痛苦等等。

這是宗教家當仁不讓的工作，不管任何宗教都好，只要宗教家能在受苦病人的床前安撫他們就好。我曾經在京都佛教會的演講中呼籲宗教家回到醫院，後來他們果真付諸行動，到某家醫院從事宗教輔導的工作。

他們的活動範圍逐漸擴大，一個月會到我們的醫院一次，但是他們並非直接和病患接觸，而是針對醫院附近居民所組成的「擁有健康協會」的會員，這個協會的會員多數是義務幫忙，他們會和需要幫助的家屬，例如即將喪父、喪母的人談話，告訴他們應該如何安撫病人、如何面對死亡等等。

下個月京都佛教會將派五、六個宗教家以「人間的苦惱」為題和我們談談，這並不是要念誦佛經，應該可以說是一場辯論會。近年來市民們開始嚴厲批判宗教家，如果不是受到市民批判，我想宗教家也不會有所自覺，更不可能有現在的一番作為。

日本的醫院不同於歐美國家，一般歐美的醫院非常歡迎宗教家到醫院來協助開導病患，但是日本拒絕宗教家進入醫院；我認為醫院可以接受宗教活動，但是問題在於很多宗教的觀念令我們不知所措，例如為了增加信徒，宗教工作者會不斷地騷擾病患、說信教就可以治好所有的病等等，事實上有很多宗教強烈反對打針、輸血等等醫療行為，這種不正確的觀念造成醫院很多困擾。其實有些宗教家的方式就不會令人反感，前任院長時常找牧師到醫院來，完全不會令人感到突兀；即使和尚穿著袈裟到醫院來我也不覺得有何不妥，我想要強調的是在宗教活動進行的同時也必須考慮到不打擾病患休養。

我不是在打壓宗教，只是殷切地希望大家可以充分考慮到他人，想要解救一個人的心靈必須用對方式，不一定要誦經才能使病人平靜，有時候緊握住他的雙手、真心為他祈禱也可以達到相同的效果。

日本人的確不關心宗教，總認為和尚穿著袈裟在醫院穿梭會影響到病人，甚至在醫院看到和尚就以為「大概有人過世了吧！」長久以來醫生對和尚也有同樣的偏見，醫生們也應該好好反省一番了。我現在希望能有一、兩家醫院可以看到和尚進進出出，這個工作必須從古都京都開始實現。

最近我聽說有些和尚已經開始以電話的方式幫助病人解決心理上的問題，這是一件值得鼓勵的事，只是病人似乎無法敞開胸懷面對和尚，因為在日常生活中病人和宗教沒有交集，一般人大概只有在祖先忌日的時候才會找和尚來誦經，除此之外病人與和尚之間並沒有心靈上的溝通；我認為唯有宗教家平時多和人們接觸，一旦生病或者需要幫助時，一般人才能像請醫生一樣地把宗教家請到病床前來，不是嗎？

參與日常活動是宗教家進入醫院的條件，也就是護照，如果不能在日常生活中和大家建立良好的信任關係，病人生病時就不可能想到宗教家，更不可能接受突如其來的幫助，這是我的肺腑之言。

關閉的佛壇

接下來要談的是病人的問題。日本人究竟有沒有宗教觀念呢？特別是年輕的一代似乎已經忘記何謂宗教了，一般人到了年底會過聖誕節，新年會到寺廟參拜，但是一問到他們生活中、心靈上的依靠是什麼時，卻都答不出來，由此可見一般人沒有專屬的宗教，因此我希望大家在生活中能培養宗教的氣氛，能去體會生命的喜悅。

我想再舉一個例子，這是關於一個七、八十歲老太太的故事。她家裡的佛壇就放在病床的隔壁，每次我到她家看病時，神桌上一定點著燈，老太太只要轉頭就可以看到佛像，她就是在這樣寧靜的環境中忍受末期癌症的病痛，和病魔纏鬥，每次我去看她時，她總視微笑地看著我，雖然她無法說話，但是我可以感覺得到她告訴我：「謝謝你特地到家裡來看我！」然後她會合掌，看著佛像默念，佛祖給了她所有的力量。

她的媳婦每天負責照顧她，有一天我問她媳婦：「你們家是信哪個宗派的？」她回答：「真宗。」我又問：「東真宗還是西真宗？」她竟然說：「管他東還是西！」

據我了解，老太太一直延續著祖父母、父母的宗教習慣，生病時她還是習慣點著神桌上的燈，求得心靈上的祥和寧靜；我猜想等到她的媳婦年老體衰生病時，可能找不到任何依靠以求得平靜，因為她不會按照婆婆的習慣，心中完全沒有宗教的觀念，更不可能培養宗教氣氛了！

我認為任何人在面對生老病死的苦難時都應該以宗教來緩和自己的心情，利用宗教求得心靈的安定，同時我更希望宗教能夠跨出一大步，走進醫院幫助病人。

當務之急

我想藉此機會談談醫學界的現實情況。很多醫院都苦於招募不到醫生，偏偏這件事是醫院管理者的大事。

我們醫院當然也不例外，尤其更難招募到值班醫生，我的工作之一就是到各大學醫學院去招募值班醫生，通常每個醫學院的學生第一句話一定會問：「在醫院值夜班有多少薪水？」我聽到這樣的問題都會很想發脾氣，想反問他們：「你們和一般的電視明星有什麼差別？」

但是我心裡很清楚一旦發脾氣就沒人肯來，只好忍氣吞聲地回答：「三萬五千元」，沒想到他們卻說：「太少了！別家醫院都給六萬元。」

我只好又耐著性子說：「這樣吧！四萬塊。」「也好！反正你們醫院離學校很近，坐車只需要五分鐘，可以啦！但是晚上我一定得睡幾個鐘頭，要我一個晚上不睡的話，我就要六萬塊薪水。」

雖然我很想告訴他：「你不用來了！」我不想聘這樣的醫生，但是我卻不能這麼做，心裡為之氣結。於是我告訴他：「好吧！我們就這麼說定了。我教你一招，以後你在值班室的電話上蓋一條毯子，再吃點安眠藥就可以睡得很安穩了，根本聽不到電話聲……。」我現在很後悔告訴他這些話，而應該以前輩的立場斥責他：「你究竟是為什麼當醫生的？」

這是我這幾年來招募醫生的心得。暫且撇開這些，堀川醫院一直以來秉持的信念是希望以居民的力量為居民從事醫療工作，我們也一直期待擁有相同理念的人士出現，但是能夠和我們一起行動、目標一致的人畢竟是少數，甚至連最基本的幹部都湊不齊，因此我經常在報章雜誌上提倡我們的生活醫療理念，希望有志的醫生、護士能夠和我們一起努力，我想今天的聚會就是一個好的開始。

此外也很歡迎醫術精湛的醫生加入我們的行列，因為我們必須維持醫院的基本功能，必須盡力守護醫院的生存。總之我一直期盼結合所有擁有相同理想的人一起為日本的醫學界努力。

能夠促使醫生回歸醫德、和尚回歸佛心的最大力量並非醫生、和尚本身，對醫生而言，力量來自病人；對和尚而言，力量來自眾生。現在所有的市民都希望到寺廟吐露自己的痛苦，

「希望寺廟能為大眾服務」，這樣的吶喊聲越來越大，因此市民運動正好是讓宗教家回歸社會的一大契機。

醫生、宗教家展開具體行動的時機已經來臨，藉由「醫療與宗教協會」在各地舉辦的研討會蒐集各種不同的情報，吸取各地的經驗，以此為出發點，讓每個地區的醫護人員重新思考「如何拓展本地的醫療活動」。

例如可以邀請和尚在醫院的會客室對病人及其家屬談談佛理，和尚也可以穿著袈裟和醫生一起巡房，當病人說：「我呼吸困難」時，由醫生負責治療，當病人說：「我害怕死亡」時，就由和尚負責解決。我非常期盼在日本的某個地方能出現一家兼顧病人身理及心理雙方面需要的醫院。

其實牧師到病床前探視病人已是稀鬆平常的事，他們經常穿著黑色的制服穿梭在醫院各處，探視基督教的病人，同樣地病人在需要時也會主動邀請牧師到醫院來；再回頭想想為什麼和尚就做不到呢？釋迦牟尼一生努力的目標——佛教的生與死——現在已淪為一種無用的形式，和尚應該為此負責，因為和尚沒有站在眾生煩惱的角度思考眾生的需求，這是和尚必須檢討改進的一點；另外身為醫生的我們也應該為和尚們安排一個出場的好機會。

四、確立「人的學問」

就此告一段落

堀川醫院前任院長竹澤先生是位虔誠的基督教徒，但是從來不會主動提起，我也是輾轉得知的。據說院長一家都是基督徒，星期天一定會到教堂做禮拜，我認識他三十七、八年，從來不曾聽他提起自己是基督教徒的事。

院長常說：「我不想躺著死掉，如果可以走著死就好了！」這麼一個生活態度積極的人最後卻死於胰臟癌。

當我們發現時立刻替他動手術，但是仍然太遲了，癌細胞已經擴散到肺了；所有醫護人員都苦於是否應該告訴他實情，我們擔心院長知道實情之後受不了打擊，於是決定隱瞞。誰知道院長深知自己的情況，事先寫好遺書，院長給我的遺書我一直保存著，另外他也寫了一封遺書給醫院全體工作人員，遺書中寫著：「我擁有一段美好人生！」這句話彷彿呼籲所有醫護人員應該努力使病人擁有一段美好人生。所有的人都認為院長非常偉大。

但是院長臨終前一直為病痛所苦，也和醫生爭吵不休，篤信基督的院長也和一般病人一樣大嚷著：「救救我！幫我止痛！」後來他呼吸困難，我們雖然盡力治療，最後他還是得依靠人工呼吸器；現在回想起來，如果當時拔掉人工呼吸器，或許可以讓他早點解脫，但是我們還是將管子插進他喉嚨深處，呼吸器一分鐘抽動十六次，院長的胸腔也跟著抽動，當他睜開眼睛時，我立刻喊他，可是他也只能「啊」地一聲，看著我卻說不出話。

經過一、兩個月的治療仍然沒有起色，我召開醫療會議和所有醫護人員商討往後如何進行治療，主治大夫也束手無策，最後我斷然決定：拔掉人工呼吸器吧！有問題由我負責！拔掉管子三分鐘之後院長立刻就會斷氣，問題是應該在什麼時候拔掉呢？

竹澤院長家中還有妻子及三個女兒；首先我找來長女婿，告訴他醫院打算拔掉呼吸器的想法，再由他去說服三個女兒，竹澤院長的女兒都是三、四十歲的年輕人，他們能夠理解醫院的作法。

接下來再由女兒們去說服竹澤太太，「我們不希望看到爸爸一直受病痛折磨，既然治不好了，就把管子拔掉吧！」母親無助地看著牧師，牧師肯定地告訴她：「可以。」母親似乎也了解時候到了，只說一句：「就這麼辦吧！」於是我們選定星期六，因為這一天主要的醫護人員、地區的代表及家屬都可以參加。

當天我們正要拔掉人工呼吸器時，母親突然慌慌張張地又說：「等一下！等一下！他的身體還是溫的！」女兒們立刻開口制止：「媽！難道你希望看到爸爸一直受苦嗎？」因此母親才說：「好吧！」醫生立刻動手拔掉呼吸器，牧師在一旁吟誦讚美詩，這一刻非常莊嚴神聖。我不知道過世的院長心裡究竟如何看待我們的作法，但是我從來不後悔自己做了這樣的決定，因為大家都很清楚「這是最好的方式，也是我們應該做的！」

陪伴病患至最後一刻

至於應該如何徵求家屬的諒解與同意，這並沒有一定的方法；當醫院方面判定病患只能依靠人工呼吸器維持生命時，要如何取得家屬的諒解呢？這必須經過一番困戰，醫院方面必須說服所有的家屬，以取得共識；每個病患的情況不一樣，有些病患家屬希望不計一切維持病患的生命，無論花多少人力、金錢，動用任何先進的醫療技術都好，只要能支撐到病患生命的最後一分一秒。倘若遇到這樣的情況醫院方面也不能執意告訴家屬無藥可救、儘早放棄等等的話，我們不能這麼做，也不應該這麼做！

相信大家都曾經有過這樣的經驗，在觀看一場比賽時，雖然正式的勝負尚未分曉，但是大家心裡都很清楚勝負究竟如何；醫生長久以來和病患及其家屬相處，一定會盡全力治療病患，但是當我們斷定：「時候到了」時，家屬心裡應該明白情況，我想這是醫生和病患家屬長期相處之後所應有的默契。

同時醫護人員也應該有正確的觀念，我們和病患並非路上一面之緣而已，無論病情好壞、病患痛苦或者悲傷，我們都應該隨侍在側協助他們；宗教家也是一樣，必須幫助病患安詳平靜地離開人間，秉持著這種理念進而以此為目標進行各種宗教活動。

我從竹澤先生的事件中學到了一件事，醫生必須尊重病患的宗教信仰以及取得家屬的諒解，如果無法做到這一點，那麼拔掉呼吸器的行為無非就是一種殺人的行為，是醫生專斷地決定了病患的生死，這是非常嚴重的錯誤！

腦死的問題也是如此，醫生單方面斷定病患腦死就宣告死亡，充其量也只是醫生任性執意的決定而已。取得家屬的諒解與同意的確是一件困難的工作，但確也是不容忽視、不可省略的過程。

醫生與宗教家攜手合作

醫生必須了解生命的尊嚴，對於生命應該抱持著一份「真誠的心」，而不應該有任何獨斷的行為。

在今天研討會一開始我曾經提到現代的醫療已經進步到可以控制生男生女了！多年前發明這項醫療技術時，限定只能在教學醫院中進行手術；但是現在一般婦產科醫生都已經有能力進行這個手術了，當這項醫療技術廣泛被應用時，社會一定會衍生出一連串的問題。

這個情形就好像是核子彈一樣，原本只有美國、蘇俄擁有這種技術，但是有一天所有的國家都有能力製造核子彈時，後果堪慮。

醫學上有些技術雖然受到倫理道德觀的約束，但是當這些技術普遍，一般醫院也有能力進行之後，我想這些技術一定肆無忌憚地被應用在任何時候，後果是任何人都無法想像得到。我認為生男生女的醫療技術應該限制使用，僅能當作是實驗室中的研究而已，如果再毫無限制地應用下去一定會產生出許多社會問題！

三十年前的醫療是與細菌、寄生蟲、病毒對抗；接下來是對抗成人病，治療器官的不協調、故障等等問題，也就是治療身體內部所引發的疾病；再來的十年是老人問題，這是人面臨死亡前所產生的種種狀況，牽涉到人際關係以及臨終前的場景問題。

我希望醫護人員能和宗教家一同攜手合作，尊重生命的尊嚴，以這樣的態度面對每一個病患，這不僅僅是醫學，更是一種人的學問，我期待能盡快地開始研究包含經濟、倫理、宗教與醫學這樣的「人的學問」。

（醫療法人堀川醫院顧問）

面臨死亡的人們之希望

寺本松野

一、接受死亡的五個階段及「希望」

今天，我想以一個專業看護的立場來和各位談談面臨死亡的人們之希望。

當我應「醫療與宗教協會」之邀，希望我談談臨終看護時，我腦中浮現的是一名了不起的女患者生前的種種。

從這名患者的相關事蹟中，我猛然注意到護士在Terminal Care（臨終看護，也就是對於末期患者的醫療與看護）時應該多給予病患「希望」。最近，看護協會也大力提倡邱布勒·羅絲的「五階段」論，並根據此一論點，針對末期患者心理狀態及其變化加以研究。

雖然我相信各位都知道邱布勒·羅絲的「五階段」論，但請容我在此稍加說明一下。美國的精神科醫師——伊莉沙白·邱布勒·羅絲博士，在十幾年前，採訪癌症末期的患者以及其他瀕死的末期患者，調查這些人的心理變化。而後發現，這些患者在獲知死期將至，到真正死亡的這一段期間，其內心的變化可分為五個階段。羅絲博士將此一研究結果發表在*ON DEATH AND DYING*（日文譯本為《死亡瞬間》，一九六一年，讀賣新聞社發行）一書中。這五個階段分別為：

㈠否認——被告知已無法救治後，內心以「絕對不可能」、「一定是檢驗上出了什麼錯誤」等想法來否認自己即將死亡一事。

㈡憤怒——接下來，便會以「為什麼是我?!」、「為什麼只有我要面對這麼殘酷的事情?」等等來怨恨自己的命運並感到憤恨不平。

㈢抑鬱——過了激動的憤怒期之後，情緒落到谷底。

㈣討價還價——「如果能夠讓我痊癒，我願一生都奉獻給上帝!」在這段間，開始會有想以任何東西換回健康的想法。

㈤接受——接受自己將死的事實，開始準備等待死亡。

以上五點，是前所未有的研究結果，而她的書亦對全世界的醫師、護理人員以及宗教家產生極大的影響，成為「死亡臨床研究」的發展契機。

看護協會也曾針對各個時期患者的狀態加以研究（例如否認期、抑鬱期的患者是如何表達自己的情緒）並發表許多的論文。

就我的想法來說，雖然看護學會對許多問題進行研究發表論文，但是如果不能用心去感受末期患者內心所抱持的「希望」並且努力幫助他實現，就無法達到臨終看護真正的立意。

在圖一中，希望之下有階梯式的排列，邱布勒・羅絲博士強調「希望」是從否認末期一直延續到最後死亡。但是，我覺得大部分的人眼中都只注意希望下面的五個階段，也就是說，只看見患者表面的症狀，卻不太注意到他內心真正的「希望」。

以我在開頭時所提的女病患為例，她是個四十歲的女性，在她過世之前，曾和我有過不少次的談話，在多次的談話中，她經常告訴我「我現在能夠這麼做，相信在我死後一樣能夠這樣。」話中雖然沒有提到「希望」二字，但是卻隱含著希望。有關這名患者的事，我想待會兒再詳細說明。

邱布勒・羅絲博士將臨終病患的希望，整理成下列三種：

㈠新治療法的可能性；

㈡開發新的研究計劃；

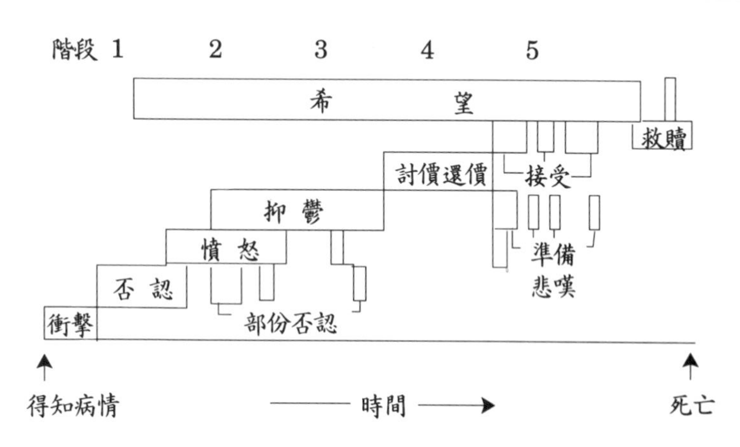

圖1　接受死亡之過程表

㈢遺愛人間——供做研究，期待有新的發現。而且書中還具體引用根據患者的話：「我們不知道這樣是否可稱得上是希望，但是『我們全都一直抱持著渺小的希望，特別是在痛苦的時候，以此勉勵自己』。」

我在整理「希望」的相關資料時，想起了一個二十八歲母親早逝的故事，她有二個尚在幼稚園就讀的小孩，當時我考慮到這位母親心中會因自己遺留二名幼子的事而感到痛苦，這位母親卻又不願表達出來，於是我坦白地告訴她我希望能幫上一點忙，因此我問這位年輕的母親：「如果現在你精神很好，恢復健康了，你最想做什麼呢？」那時，她雖然已經呼吸困難，身體狀況極差，但是她還是努力地回答我：「我想牽著兩個孩子，盡情地在草原上來回奔跑。」

很多臨終的人經常會抱怨：「空氣不流通」或是說：「請把窗戶打開」等話，他們希望藉此獲得肉體上的「希望解放」或「心靈的自由」。但在此同時，一定也有像這個年輕的母親一樣的「希望永遠地和孩子們在一起」，這可以說是對尚活在人間的人一種愛的表現吧！他們擁有「想和某個人永遠在一起」的希望。

我想，無論任何人在任何時間都會有自己的希望，醫護人員或是和患者接觸的人若是不用心去注意病患的希望，真的是一件很殘酷的事！

二、臨終患者的希望為何

立教大學的早阪泰次郎教授等人曾翻譯過一本書《臨終病床上的患者》（《看護學術論文集》四，一九八二年，現代社出版），書中談到很多患者的希望。在此，我們引用一些書中文章來看看：

「希望是在用盡自己身邊所擁有的一切之後，需借助他人之力量時開始。」

當自己的能力完全消失殆盡時，我們便會開始想要借助於他人或其他東西。這裏所說的「他人之力」除了人力之外，也可以是宗教的力量。也就是說，這是一段想要依賴比自己有力的任何外物的時期。接下來是：

「希望存在於我們心中。但是，希望是一種外在的我受到援助的內在感覺。」

當我們感到無助時會變得絕望，儘管如此，若能想到「世界上一定有人能夠了解我現在所受的苦」時，又會對生命燃起希望了，接下來是：

「希望並非願望或樂觀主義。對任何事物不抱持任何希望的病患，只對『存在』（病人）這件事抱持希望。」

在這裏有一個案例，將其簡要敘述如下。

有個母親被救護車送到醫院，當時，三、四個孩子也隨侍在側，孩子們告訴醫生：「無論如何請救救我母親，無論如何不能讓她死，請你一定要醫好！」孩子們對治癒滿懷著希望，但是醫護人員的想法卻是「這種病我們無能為力。根本不可能治好！」就在病漸漸日趨嚴重時，孩子們的希望慢慢地轉變為「沒辦法完全痊癒也沒關係，只要母親能夠活著就好。」最後由於全家人的支持，母親終於健康地出院回家了。

希望對於病情好轉有很大的幫助，我自己也曾有過類似的經驗。我認識的一位患有心臟病的老婦人，有次她不慎跌倒，造成大腿骨骨折。這種骨折多發生於老年人，而且是出了名的難治癒，再加上這位老太太本來就患有帕金森氏症，無法自己進食，使得病情更加嚴重，因此，主治大夫診斷她已無法治癒，大概要一輩子癱瘓在床了。

在老婦人出院回家休養前，醫師告訴老婦人的女兒：「令堂可能再也不能走路了。」老婦人的女兒卻仍意志堅定地說：「我絕對會幫助母親，我一定要讓她可以走路！」

其後過了一年，我受邀至她家拜訪時，令我驚訝的是那位老婦竟然可以穩健地走到玄關迎接我。一位被宣告永遠癱瘓在床的人，居然可以行走自如了！這一定是她女兒不願放棄希望，一心一意照顧母親的心意，給了年老母親活下去的力量吧！這位老婦人在那之後健康地生活了八年，最後因心臟病發作去世了。

人如果失去了希望，究竟會變成什麼樣子呢？我想正因為心中抱有希望，才能接受一切的挑戰呀！

「希望不只是個夢而已，並不只是『我想那樣，我想變成這樣』就可以，當我們希望做某件事時，必須先了解自己，了解自己真正的希望為何，才能有所行動，所以，我們必須對自己的希望負責任，必須有所自覺。」這一段話是一位佛教宗師告訴我的，我感同身受。

我們一直致力於臨終看護，如果心中只想著「這個人已經沒救了」，或者只求患者肉體上的安樂的話，那麼我們就沒有必要再談什麼希望了！

三、找回希望

在《日本的臨終看護》（池見西太郎、永田勝太郎著，一九八一年，誠信書房發行）這本書中，我了解到「臨終看護的目標」：

㈠肉體上：從痛苦和煩惱中解脫出來。快樂舒適地過日子。

㈡心理上：從死的恐懼及不安中解脫出來。

㈢社會上：讓病人非常有自信地活到最後一分一秒。
㈣生命倫理學上：擴大生命價值，保有人的尊嚴。

就這四點來說，肉體上這一點，我們可以用自己的專業知識或技術達成。可是，要進一步完成其他的目標，也就是心理的、社會的、生命倫理學的目標時，我們基本思考方向都必須以病患的希望為基礎。

在此要提到一句法國哲學家馬塞曾經說過的話，有點深奧，我自己也不是很懂。

「從任何觀點來看，能以語言表達希望，必然是僅限於施與受之間的相互作用或是精神生活上可以交換的事物。」（《旅人》，馬塞著，山崎他譯，春秋社發行）

我覺得這句話所要表達的，正是我們在臨終看護時，要晉升到前述的四階段中的二、三和四階段時所不可或缺的要素。

就第一階段，也就是有關患者肉體的痛苦這方面，由於護士都必須通過國家的檢定考試，所以在這方面的看護應該完全沒有問題。但大多數的人都只做到這個階段或只打算做到這個階段而已，大家都只想：「做好每天該做的看護就好了。只要儘量減少患者肉體上的痛苦，讓他舒服一點就好了。」

但是，患者所需求是更深一層的東西。他們會因為擔心而心情浮躁，會表現出強烈的恐懼與不安，懷疑「自己是不是快死了」！如果我們無法體會患者的心情，那麼我們就無法發現任何新的東西，更別說成為患者的精神力量了。

有一位年輕人在今年暑假時住進了我服務的醫院，他是某著名大學三年級的學生，從小因為體質特殊，常因為抵抗力太弱而容易受細菌或病毒感染，這次也是發高燒並有肺炎的症狀，事實上這樣的症狀，已經使得他二十三年來進出醫院十三次之多。

主治醫師奉勸他：「現在情況大概已經穩定下來了，你下次還是找間大醫院做徹底的檢查比較好。東京醫科齒科或慈惠醫大裏都有這方面的專業醫師，我幫你寫封轉診書，你過去檢查看看怎麼樣？」這位年輕人卻激動地大罵：

「我不想去什麼大醫院接受檢查！到現在為止接受過那麼多次檢查，總覺得是為了醫生而去的，從來都不覺得是自己真在接受檢查！事實上，有些醫生甚至拿我的病歷當論文的資料，我根本就像是為了醫學研究目的而去做多餘的檢查嘛！」

「我絕對不要再做什麼檢查！與其去找那種醫院，還不如好好地找個地方死了算了！」

那位年輕的主治醫師被這樣的回答嚇了一跳，透過護士傳話給我說：「能不能請您和他見個面談一談？」

護士告訴我這件事的時候天色已晚，我本來就不喜歡晚上萬物俱寂、孤單的感覺，更甭提在這時候去見一個一心一意想死的人，我實在不願意今天去。於是，我向護士說道：「今天不行！」便回家了。

可是，在吃晚飯時，我突然想到「萬一他今天在哪裡死了，這件事不就成了我一生沉重的心理負擔嗎？」基於這種愛護自己的心態，我開始擔心，最後還是在晚上七點之後出去和他見了一面。

「我想你大概考慮了很多事情，能不能跟我談談呢？」雖然我這麼說，他似乎一直沒有想告訴我的意願。

在他終於願意說話之後的一個小時之內，他的談話內容全都是對醫療的不信任，接著是對人的不信任，然後就說到自己是如何地孤獨了。

「我一個朋友也沒有！」他說。

「為什麼呢？」我問。

「因為從小有特殊體質，使我虛弱得無法和其他人一起享受休閒樂趣，做什麼都不行。因此，就算成了朋友，人家也會馬上離我而去。」經我這麼一問，他開始自言自語似地不斷地訴說自己有多麼孤單。接著，他就告訴我說：

「現在，現在我會因為增加父母負擔感到很痛苦。所以才會想：『如果我死了，不但父母不用再擔心，也可解決龐大的醫療費用。』」我專心地聽完他說的話之後，只對他說：

「現在已經很晚了，你大概也累了吧！好好休息。」然後就回家了。

隔天，我想再見見他，於是到病房去了。開口第一句話就說：

「我今天不是來看病人，而是想來見一位正值青春年少的二十三歲的年輕人……」

聽我這麼一說，他先是稍微不好意思「哈哈」地笑了兩聲，然後一反昨日的態度，和我談了許多愉快的事情，比如說他的學校生活啦，他通常怎麼度過星期天啦等等，我也興味十足地分享了他的喜悅。

「你看戲劇表演或電影嗎？」

「不看。」

「為什麼不看呢？」

「那種東西一個人去看太無趣了。你知道的，看完之後找個人相互討論一下，對我來說非常重要的。」

聽他這麼說，我回答：

「那你出院之後，如果什麼時候突然想去看戲劇表演或電影的話，通知我一聲，我和你一起去！」

「跟修女一起去啊……？」他笑著回答。之後，他又告訴我他主修中文。於是我問他：

「既然你是主修中文的，那你一定很想去中國囉？」

「當然想去啦！可是我這樣的體質，去了一定會馬上受感染然後生病的……」

「別這麼說，趁年輕的時候去看看吧！現在中國和日本有醫學上的交流，醫學品質方面一定也提昇不少，你不用擔心，年輕人不是應該要有『即使抱著點滴，我也要去中國！』的決心！」

我話還沒說完，他馬上說「不要！」然後目光直盯著遠方，那天的談話就這樣結束了。

隔天，他自己來找我。

「修女，我今天有點事想請教您……」他說。

「修女，昨天談話之後，我想了很久。我想，人的本質不就是要努力地使自己活得比現在更好嗎？所以，我決定試著努力使自己活得比現在好！」

「這次出院之後，我要帶著希望回學校，盡自己的全力好好用功讀書。這樣子，父母一定也會為我高興吧！我想這樣也算是一種孝順。修女，真是太好了！……」

之後他的病情顯著好轉，沒多久就出院了。有了這個經驗，讓我感受到幫一個人找出他心中真正的希望，使它能夠表達出來，對我們來說是件非常重要的事！在我們接觸患者時，應該經常地探索「這位患者現在心中抱著什麼樣的希望呢？」而且，病人常無法明確地表達出來「他自己的希望」，這時候，我們最重要的工作就是用相關的事物，引導他們表達出那些他們無法說出的希望。只要能夠清楚地表達出自己的希望，生命就會變得強而有力了。

四、希望會改變

我們再來看看一位非常理性的三十五歲單身女性的例子，探討一下她的希望是怎樣轉變。

這位患者一開始來門診時說：「我最近胃非常的不舒服。」後來照胃部X光馬上就知道是胃癌，但醫師卻只對病人說：「是胃潰瘍，面積相當大，還是儘早動手術比較好。」但是，那位女病患醫學知識相當豐富，她認為「如果是胃潰瘍的話，內科就能治好不需要動手術。」所以無法接受手術的建議。

醫師警告她的家屬及朋友「手術慢一天，病情就會越來越嚴重」，於是大家都苦勸她接受手術治療，但她卻以「要是胃潰瘍，留在內科就好了，不必大費周章。」但是最後她抵不過家人每天的勸說，只好勉強轉入外科。她還是沒有弄清狀況，在外科病房住了一晚之後，就說：「我還是回內科治療就好了，不要動手術。」於是自己又偷偷地溜回內科病房了。

折騰了將近一個月，在家人苦苦哀勸之下，她又回到了外科，但她並非真心可以接受手術治療。等到她動手術時，癌細胞已經轉移到其他地方，即使把整個胃切除掉，她還是無可救藥。

「既然動過手術了，那我的病一定能痊癒了。」但是情況並不樂觀，手術之後的一切不適反應使得她漸漸地焦躁了起來，在這段期間裡，她和醫療人員起了不少的衝突。基本上，在她心中懷疑「為什麼我的病況並沒有如想像般地好轉」，她把責任怪罪於醫護人員，所以看什麼都不順眼，而且變得暴躁易怒。其實這一切都是起因她認為已經動過手術，應該會痊癒，也就是（對治療的期待）太大而造成的。

最後她又回到了內科，因癌細胞移轉造成無法吞食等等症狀相繼出現，又有噁心想吐的情形，這次她自己要求再轉到外科「我願意再做一次腹腔手術，請幫我轉到外科去！」「無論如何請再幫我動一次手術！」外科醫師也認為說不定真的可以治癒一些症狀，所以答應替她進行手術。可惜第二次手術之後嘔吐的症狀並沒有減輕，病情絲毫沒有好轉。

在那段期間她漸漸認知到「我的病大概是治不好了吧?!」而後，就會開始考慮「若是自己真的會因病而亡，應該趁現在多做點事」，也就是她放棄了治癒的希望，開始思考如何面對即將發生的事情。

這個時候雖然還沒有很劇烈的疼痛症狀，但已因食欲不振再加上嘔吐，漸漸造成腹部積水，病情已經到了很嚴重的地步了，她只能每天想著「我想做什麼事」，卻無法真正去做。最後她察覺到無法靠自己的力量完成心願時，她稍微改變了自己的想法。有一天她突然告訴我：「希望你和我一起祈禱」，甚至要求馬上受洗。因為這件事來得太突然，我感到很驚訝，於是對她說：「不必這麼急著受洗呀！」在她的堅持之下還是受洗了，受洗隔天突然地去世了。

在她過世的那天早上，她對我們說：「現在我已沒有任何牽掛了。原諒所有的人也接受別人的寬恕，現在我真的自由了。」在最後的一刻，她留下了一句「真的謝謝你們！」

看過無數人死亡，每個人都有過這樣的階段，這期間也許有長有短，但這樣的階段是每個人都會有的。

我把自己所認為的（希望的轉變）繪製成表一。希望是會改變的，隨著周邊的環境及相關事物，希望由現實面漸漸地轉為形而上的事物。換言之，就是從「慾望」轉變到「希望」。

我覺得邱布勒・羅絲所提出的「希望的線條」是充滿色彩的；剛開始的階段，希望的顏色是非常暗且深，隨著階段的進昇，顏色也就漸漸變淡，然後，還會漸漸地浮出一些新的顏色。我感受到希望開始時是相當混濁的顏色，但愈接近死亡的顏色就隨之漸趨透明，這就像人一開始心中有著許許多多不同的慾望混合，但隨著死期的接近，慢慢地將其整理為一個單一的希望。

表一

第一階段	只為現實利益，100%期待病情好轉 生理上：肉體的安樂、生活面的充足 醫療上：知識、技術的提供
第二階段	對醫療的期待、診斷、治療
第三階段	開始思考應對方式 期待他人給予協助
第四階段	開始整理情緒、漸漸接受死亡
第五階段	希望獲得解放、自由、救贖

我認為希望是有階段性的；在第一個階段中的希望應該也可以叫做慾望，混雜著各式各樣的雜質，全都是現實的願望，比如為了眼前生活面的充足、生理上肉體的安樂，希望醫院可以把最好的醫療知識與技術用在自己身上等等。而且，總是有著百分之百的期待，希望大

家能為了自己提供任何知識或技術，完全期待好的結果。

但是，到了第二階段，當他開始認為情況並不樂觀時，便期待醫療，也就是期待有關診斷、治療能治好他的病。

在這兩個階段中，病人對疾病的認知稍微有了變化，不但自己一直認為可以痊癒，醫師、護士以及周圍的人也都對自己說「情況好轉了！」或「你的精神很好！」等等的話，但是自己的感覺卻剛好相反，今天的情況比昨天差，而且接下來的每一天都漸漸惡化，二、三天前還可以自由活動，現在卻變得無法行動自如，總之周圍的人之言詞、態度、解釋總和自己的感覺背道而馳。這時病人會慢慢地在心中忐忑不安地想：「雖然大家都說沒事，但我覺得自己一定是惡性病吧?!」、「如果真的是這樣，那怎麼辦？」或是「說不定已經沒救了……」然後漸漸陷入痛苦之中。

到了這個時期就開始進入第三階段——尋求對即將發生的事物之處理方法以及期待第三者的援助。有些人尋求醫護人員的援助，有些人想借助宗教的力量，開始期待自己以外的人、事、物，而且，在這個時候，會慢慢開始接觸宗教。

到了第四階段，會有「現在只能相信自己了」的想法，進而開始認清自我，然後整理自己心中龐雜的思緒，漸漸地接受自己將死之事實。

最後就進入了第五階段，以追求達到解放、自由、救贖為希望。

我認為面臨死亡的人們的希望有這樣的階段性。

五、了解病情的患者之希望

以下是我將一些了解病情患者的希望整理之後所製成的圖表。我想從這之中的每一個人來探討——人到底是如何表達出自己的希望。

年齡	性別	病名	宗教	告知病名者	希望	調查時的生死
52	女	胃癌	基督教	自己發現的	從痛苦中解放→宗教	死
72	女	胰臟癌	基督教	兒子	接受死亡→宗教	死
40	女	乳癌	佛教	醫師	宗教	死
62	男	肝癌	無	醫師	藉醫療延續生命	生
43	女	子宮癌		醫師	對家人的愛	生
37	男	胃癌	無	母親	從苦中解脫母親的愛	死

信仰的自覺

表中第一位患者為五十二歲女性，病名是胃癌。這位患者是基督教徒，她是自己察覺得了癌症，而非經由他人告知，可說是非常稀有的案例。她最後的希望是從痛苦中解脫及宗教方面的寄託。

第一次發病接受手術時，病因是胃潰瘍，所以她是一名胃潰瘍患者，出院後又再度發作。再度住院時我碰到她。雖然我不是負責她所住的病房，但因為上次住院時與她結識，故和她打招呼。這時她告訴我：

「我今天不住院了！」

「為什麼呢？」

「我早就知道了！」她回答。

因為這種回答太過突兀，使我感到困惑，於是我反問她：「妳早就知道了什麼呢？」

「我的病，是胃癌吧？」她突然這樣回答。

「啊？」

「我早知道的。你還記得我父親是結腸癌吧？」

的確，她的父親二年前因結腸癌過世。

「那時候是我負責照顧他，因此，我對癌症相當了解。從上次出院之後，我一直在想這個問題。所以，這次身體狀況有異時，我立刻意識到——啊！我可能是得了癌症。」

我並沒有否定她的話，只是露出驚訝的表情。在這時她乾脆果斷地說道：

「我要做自己該做的事！」

我心裏想：「基督教徒的她想做什麼事呢？」

住院的隔天她開始準備自己的後事，似乎隨時準備迎接死亡到來，我想這就是她所謂做應該做的事。第一件事情是分贈遺物，在她一切處理得差不多的時候，她把我叫去，開始和我談要怎麼辦喪事、選墓地等等的事。

我沒有阻止她談這些事，只是回答「這樣啊？」或「嗯、嗯」等等，聽她把自己的希望全部說完。然後，對她提出了一個請求。

「我相當了解妳的想法了，喪禮的事我會幫你打理，但是，我希望妳能答應我一件事——你現在所說的這些話別人聽起來會很難過，所以除了我之外，妳不要再和別人提起這些事了，好嗎？你希望做的事，我會好好地幫妳的。」我說。

聽我這麼一說，她臉上露出了安心的神情，只說了一句「拜託妳了！」

一切工作準備就緒之後，她變得無事可做了。沒有小孩，丈夫也很能照顧自己，結果這麼一來，她只好將注意力轉移到自己的病情，在這樣的日子中，不知不覺地累積了許多不滿，結果完全都發洩在護士身上。

她每天十一點都要服用止痛藥。對於這棟大樓的護士來說，接近中午的這個時間正是一天工作最忙碌的時刻，因此經常忘了拿藥給她，這件事成了她和護士之間爭執的導火線，因為用藥時間到了，護士卻沒送藥來，於是她便按鈴催促，護士急急忙忙地幫她送過去，但這時焦躁她開始對護士發脾氣，斥責護士態度不認真，她說這是護士的錯，她們至少應該說一句「對不起」或「讓您久等了」之類道歉的話。

類似這樣的爭執每天都要發生好幾次，相當累人。由於她是基督教徒，即使在病情如此惡化情況之下，她每天早上還是按規矩地領用聖餐，但是生活中起了這麼多糾紛，她的內心大概也無法得到真正的平靜吧！

正當這個時候，其他宗教的信徒連著好幾天來一直告訴她：「妳就是信那種宗教，才會生病的，我看永遠治不好了！」她從很久以前就開始篤信基督教，所以她斬釘截鐵地說：「我很感謝您為了我而這麼說，但是在宗教信仰方面我絕不會讓步的。」

聽到這件事，我想向那些其他宗教的人致謝。為什麼呢？如果他們沒有向這位患者說這些話，我想她大概無法感受到自己對信仰所抱持的喜悅，更不可能平靜離開人間；就是因為其他宗教來向她鼓吹，才使她第一次感受到自己所信仰的宗教之力量。雖然不久之後她就離開人間，但是我想，至少她能夠完全地平靜下來，真正心平氣和地離開，這也算是一種「希望」吧！

在這位患者「完成了自己必須做的事」之希望，若要找到新的希望，就必須藉助他人的力量。自己無法發現新的希望，由於其他宗教的催化，使她能夠找到新的希望——也就是達到宗教的希望。

從對家人的撒嬌轉移宗教的希望

第二位病患是七十二歲的女性，死於胰臟癌，基督教徒，從兒子那裏得知病情，接受死亡的事實之後，將希望寄託在宗教上。

這位患者是位知識相當豐富的長者，她在住院時，冷靜地對我們說：「我這個病大概很嚴重，痛死人了。」老太太有兩個相當優秀的兒子，一位是內科醫師，另一位是某癌症研究中心的主任。雖然她能堅強地對我們說「我知道自己的病」，可是對她的家人卻老是說些難聽的話讓人以為她想找麻煩，其實她是要撒嬌。只要兩個優秀的兒子來探病，她就找麻煩似地對他們說痛啦或是藥沒有效等等的話，兒子專程請專門的醫師幫她做止痛的治療後，她還是說一點也沒有效。

結果有一天，當我走進病房時，看見她在哭。

「怎麼了?老太太!」我問。「我那個傻兒子……」她肩膀抽搐地哭著說：「我早就知道了嘛!現在才對我說我得的是癌症，然後回去了……」

事情是發生在兒子終於受不了母親的抱怨之後，對母親說：「媽，妳不可以老說些讓主治醫師傷腦筋的話!妳的病是癌症啊!根本治不好。」

這位老太太說：「其實家人知道實情之後，我多少也有所覺悟。」後來她把老伴叫來，共同商量自己的喪禮該怎麼辦、墓地要選在哪裏等等；另外，因為她是英國聖公會的信徒，所以在臨終時，也正式地接受宗教儀式而安息。因此，可以說這位患者最終的希望也是屬於宗教面。

共同祈禱生命的希望

第三個例子是一位四十歲的女性，我們留到後面再說。先來看第四個例子。這是位六十二歲的男性，肝癌，無宗教信仰，從醫師那裡得知病情，希望是能以治療延續自己的生命。

這名患者在去年夏天過世，十三年前，他因為嚴重吐血而接受緊急手術，當時執刀的醫師雖然沒有在細胞組織檢查中發現惡性細胞，但曾說：「雖然檢查不出什麼異狀，但是看起來就覺得怪怪的，該不會是什麼不好的東西吧？」手術將胃部完全切除，但是醫師說：「總覺得食道以下有異狀，必須追蹤檢查！」所以，手術後仍繼續追蹤治療。在那段期間，病患一點也不知道自己得了癌症，只以為是胃潰瘍手術後的固定程序而已。這樣平靜無事地過了十年，醫師和我都鬆一口氣；好景不常就在去年一月左右，患者感到下腹部異常疼痛，進而病情急速惡化，手術結果發現是肝癌末期，但是已經無法挽救了。

就像剛剛我所講的，我們追蹤了這位患者長達十三年之久，所以對他的性格及家庭情況都非常了解，再加上他對醫生的信賴，手術之後，醫師就將實情告訴了他，讓他自己選擇要採用什麼樣的治療方式：一個星期打幾次抗癌點滴或是裝上二十四小時持續注射的機器，他全權委託醫師決定，所以醫師決定替他裝上二十四小時持續注射的機器。

這名患者的孩子們都是藥科大學畢業的，相當了解藥性，大概也因為如此，這名患者對藥物有很大的信心。總之，裝上這個注射器之後，他一直希望藥物可以控制病情。

就在醫生告知他癌症的消息之後，他問我：

「修女，我有一件事想請教您。我到底還能活多久啊？三個月沒問題？還是可以再活六個月？有沒有可能延長一年甚至三年的生命？」

「在還沒弄清藥有沒有效之前，先別考慮那麼多嘛？」我做了一個逃避性的回答。

「我想先把該做的事先做好，所以想知道自己可以活多久。」

「如果有什麼想做的事，立刻去做就好啦！」

「嗯，就這麼辦！」

在那之後，他開始整理身邊所有的事物，包括給孩子們寫了長篇的遺言，所有外在的事物都妥當地安排完畢。所有的事情都完成之後，他總是說：「死於別的病我都無話可說，可是真不想死於癌症啊！」不過，隨著時間流逝，他漸漸了解到自己已經沒有指望了，最後終於能接受自己的病。但是他終究是個凡人，經常會聽到他一個人自言自語似地說：「我想趕快治好！」

他的夫人曾對我說過這樣的話：

「如果說是癢或痛，我們還可以幫他做些什麼的。可是聽他老是一個人自言自語地說『我想趕快治好』，真讓我心如刀割，坐立難安。」

接受死亡，但是卻不想死；接受自己生病的事實，可是卻不想因此而死。這兩種心境天天在他心中激盪，其痛苦可想而知。每次我去看他，他一定說：「修女，我們一起祈禱，讓我們一起祈禱吧！」而且，當他的兒子們來看他時，他也會說「你們也來祈禱！」要他們坐在身旁一起祈禱。

當自己的生命接近終點站時，要相信什麼好呢？自己已無能為力，醫療也幫不上忙，剩下的只有禱告了吧？就在祈禱中表現希望。祈禱並不只是求神幫助而已，而是藉由祈禱真正平緩自己內心的思緒。

所以，我和他一起祈禱時，總是禱告著：「今天，我祈願能充實地活著，而且，能夠常懷感謝他人之心。」我不會說「請治好我的病」、「請減輕我的痛苦」之類的祈願。和他一起禱告時，我總是真心祈願上帝能夠提高他的生活品質。

對丈夫的愛與希望

讓我們回過頭來看第二個例子，四十三歲罹患子宮癌病患的案例。這名患者我印象相當深刻。

她從腹部積水判斷自己得惡性腫瘤，但是因為沒有檢查報告，不能斷言其為惡性，所以醫生盡全力地為她檢查，終於檢查結果出來了，外科醫師看了檢查結果之後，即前往這名患者的病房為她解釋病情，在解釋的過程中，告知病患是惡性腫瘤。

病患得知結果之後，立刻打電話給她的先生說：「醫師說我果然是惡性的。」聽到這個消息，她先生馬上趕到醫院，疾言厲色地對主治醫師說：

「我不是拜託過你，就算我太太的病是惡性的，也不要告訴她的嗎？你為什麼還是說了？」

那位醫師極力地辯解：

「不是的，我本來也沒有打算告訴她，可是……」

我在一旁聽著，突然發現現場只有病人的丈夫和醫師，他們二人極關心、最重要的主角——那位女病人卻不在場。我考慮了一下子，然後對正在激烈爭吵的兩個人說：

「我們還是先知道病人現在是什麼樣的想法，然後才來考慮怎麼做比較好，不是嗎？」

這麼一說，這兩個人也都猛然地回過神來，「說的也是！」我們回到病房，四個人一起討論了這件事。

在那時，表現得最了不起的是病患；她摟著垂頭喪氣的先生，溫柔地安慰他：

「別那麼擔心嘛！讓我也知道比較好呀！」

「我不想為了不讓對方擔心，而故意隱瞞實情。就因為這件事，才讓我們能從此成為真正的夫妻，不是嗎？」她丈夫聽她這麼說，低頭默默沒有一句話。次日清晨，我在走廊遇到了那位太太。

「你昨晚是不是擔心得睡不著?」我問。

「不是的。我一向都得靠吃安眠藥才睡得著，但是昨天反而睡得很安穩。看到我丈夫那個樣子，我不振作點不行的。」

過了一個禮拜左右，她轉到東京女子醫大去了。在轉院之前，她告訴我：

「修女，為了我丈夫我會努力，到最後一刻都不會放棄治癒的希望。」

我並不知道之後到底變成什麼樣，但我想那位太太一定到最後都抱持著希望，庇護著她的丈夫，竭盡全力地過著充實的每一天吧！

母親的愛與支持

最後這一名三十七歲的男性是胃癌患者，社會福利局介紹他到我們醫院來，聽說他非常自暴自棄。雖然已經是無可救藥的癌症末期，但卻不接受醫師的苦勸動手術。無論如何都想藉由手術幫助他的醫師，不知來回走了幾趟，極力想試著說服他動手術，甚至明白告訴他「若不動手術就活不了了；但如果動手術，還可以多活一年。」卻還是無法得到他同意，再加上他精神狀態一直很焦躁，也給醫護人員添了不少的麻煩。大家都很擔心，一直在想「難道沒有其他辦法了嗎？」「不曉得有沒有方法讓他的精神穩定下來？」

最後，一籌莫展的醫護人員把病患的母親從北海道請來，那位母親是養母，在病患兩歲時收養了他。自從養子到東京之後，她一直待在北海道，一個人孤苦地過日子。看到了腰已彎、髮已白、身材瘦小的母親特別到東京來看他，他的心情也稍微地安定下來了。

能夠見到母親，使得他長期以來因為自己的身邊沒有親人所造成的孤獨感和焦躁的心情多少得到安慰。而後，在母親的勸說下，終於接受了手術，但是，結果並不甚良好，他還是相當地痛苦，雖然他曾因此而怒吼道：「你們為什麼做這種活像把蛇打得半死的事啊？」或激動地發怒，但是，因為有片刻不離地看護著自己的母親愛的支持，最後情緒轉變得連醫護人員都驚訝不已的穩定，而後平靜地過世了。

從這名患者的例子中讓我們學習到一個人是多麼需要愛與支持。

生死如一

到目前為止談了幾個我身邊發生的案例，最後，我想再回頭談談之前我們暫時擱置不說的那位四十歲女性乳癌患者的故事。

這名患者發病之後從醫生那裏得知了自己病情，雖然看似輕鬆接受了這個事實，其實當天曾到書店裏尋找佛經。她曾經告訴我，大概是因為從小的家庭教育中，受到身為佛教徒的祖母的影響，很自然地就會在遇到困難時向佛祖尋求幫助的行為。雖然我們的宗教信仰不同，但對我而言，她是一個相當難得的朋友。

她的生日是四月十六日，在五月四日過世。她生日那一天剛好是禮拜天，我還是一大早就去看她。因為我想儘管她已是隨時都有可能死亡的重病患者，但是能活著迎接自己的生日，應該還是相當高興的事吧！因為她是一直抱著「活著真好！能夠活著迎接自己生日的到來真好」的想法，所以我去她病房拜訪她，我和這名患者的對話，收錄在《這個時候有你在身旁》（寺本松野著，一九八五年，日本看護協會出版）一書中。

我想在這裏介紹其中一些片段，當時我問她「妳不是一直都認為——雖然痛苦，但能擁有生命是一件非常棒的事嗎？」她的回答令我印象深刻。

「啊！不了，現在已經不這麼想了。因為我已經進入了有沒有生命都一樣的境界了。但到了這個境界是有階段性的，能夠擁有生命，當然應該心存感謝。當然啦，我現在活著，所以能夠看看或聽聽現世的東西；不過，即使是到了另一個世界，也是一樣，也就是說我還是能為他人盡心力，現在想做卻不能做的事，到了另一個世界也可以做了，所以覺得都一樣。

「我想我現在和另一個世界大概只有一層簾幕的距離了，我很快就會到另一個世界去了，在那裏一樣可以做很多事，所以即使現在做不完也沒關係了；如果現在不做自己能力所及之事那等於是放棄了活下去的機會。生與死就只有這麼一點差別。」

她是個佛教徒。她的觀念是「如果到了另一個世界去能夠為他人盡心力，那麼，現在躺在病床上想做而不能做的事，到另一個世界就可以做了。」所以，她才會說生和死都一樣，「生與死就只有一層簾幕之隔。」

有一句話叫做「生死如一」，就是生與死是一體的，她一直有著一個信念：「無關生死，身置於另一個世界一樣可以去做相同的事。」現在我雖然盡全力努力了，無法做到的事還是無法做到，那麼就不要勉強自己做無謂的努力，到了另一個世界，還有我可以完成的事。

對她來說，希望就是「現在和死後都一樣」，也就是說「在世時能做的事，死後一樣也可以辦到」。她總是說：「我現在什麼都做不了，完全處於接受他人幫助的狀態，現在的我只能做兩件事——祈禱與感謝。」

如果試著從這段對話中找出她的希望，我們可以發現她還是希望（解放），就是她所謂的「現在沒法子做的事有一大堆，等我死後，等那簾幕一放下來，我又有能力做任何事了」，她希望從現在什麼都不能做的狀態中解脫，希望能到另一個世界去完成那些無法完成的事。

六、希望、救贖與死亡

到目前為止，我們一直在談希望之於臨終病患的重要性以及其多樣性。現在，我想就個人觀點，稍微列舉基督教聖者們在臨終時對自己的死有何想法的例子，來為「希望究竟為何」做一個總結。

在和最後我說的那位患者做許多談話的那一段時間，我讀了一本描寫基督教聖人的書。這本書中有記載一位聖人即將逝世前的一段故事。

這位聖人在過世前，他的主治醫師對他說：

「弟兄，蒙主恩惠，你一定會痊癒。」聖人知道醫師不想對他說「你就快死了」，因此他再一次地問道：

「請告訴我實情，我的病到底如何？請不要對我說謊，蒙主之恩，我決不會因此而懦弱，而且我也不畏懼死亡。蒙主之援助，我與主已堅固地合而為一，所以我可以喜悅地生也可以喜悅地死。」

另外有一位我非常景仰的聖人——德蕾莎聖女（T.de Jesus，一五一五～一五八二），她在死前也曾說過：

「我現在期望能活在這種痛苦中，但是，我也期望能夠就這樣死去。兩者對我來說都好。無論怎樣，只要能和神在一起，我的心就充滿喜悅。」

我想，所謂希望就是自己能夠被包容在比自己偉大事物中，自己的喜樂或願望都可以在那裡實現。

如果我們將「救贖」一詞加以知識化或學術化地分析的話，當可成為一門大學問。不過，就從日常的體驗來思考這個問題，我想所謂的得救，對我們來說就是精神和肉體上的解脫，真正的無拘無束地實現自己的希望，這就是凡人的救贖。

幸福地出生，幸福地死去；充滿信心地出生，充滿希望地死去，死得其所，死得有尊嚴；身為一個護士，注視著這一切時，就會想到我們不就是在臨床上看著人的獲得救贖嗎？

我認為每一個人都會面臨死亡，沒有所謂死得很了不起、死得很耀眼或是死得很沒有價值這種事，每一個人的死亡都是了不起的。

有一次，有個年紀尚輕的配管工人因胃癌過世，才只有三十三歲的他，子女尚幼，妻子也完全沒有工作生活能力，雖然在他生病時，醫療上及生活上均受到保護，但是他的太太仍然無法過得很好，在丈夫住院後，她兼了一份夜間的工作，由於孩子還小，妻子也沒有生活能力，他一直非常地擔心，後來癌細胞擴散，只要一碰到他就會痛苦地大叫，他還是每天對我們不斷地喊著：「我不能死！我不想死！」而後在臨終時，他說著「我不想死！我不想死！」痛苦地跌落床下而亡。

這真是無可比擬地悲慘，但我仍覺得這個人的死是很了不起的，有誰願意拋下這樣的妻小而死的呢？每一個人的死，都有他了不起的地方，因此我常覺得有必要將這些人的死及他們的故事說出來。

「臨終看護」的最後目的在於讓這些步向死亡的病人心中擁有希望，接受死亡就是相信來生，將希望寄託於另外一個世界！有些人需要一些時間才能達到，有些人則要到死亡的瞬間才能見到來世的曙光。

無論是在怎樣的情況下，每個病患身邊都需要援助，這是我從自己的經驗中獲得的感想，我也是因此和患者的家屬們一起為之奮鬥。這是人與人之間，同時也是在病痛中的人和照顧他的人之間思緒交錯中產生的信賴關係。

在絕望中迎接死亡是件更痛苦的事，誰都想要從這種痛苦中解脫，當溫柔體貼的話語、溫暖的人際關係交會時，自甘墮落、冰凍堅硬的心也會溶化，我們為病患所花的心思可以轉變成共同的希望，並且和來世相通。

（聖母醫院教育長）

臨終關懷與看護

季羽倭文子

一、從看護體驗看其與宗教之關係

由於今天是「醫療與宗教協會」的研討會，在進入主題「臨終看護」之前，我想先和各位談談我在看護工作中和宗教接觸的經驗。的確，訪問看護必須要做諮詢工作，首當其衝的便是宗教，宗教問題有很多，我先舉幾個例子。

住院的患者當中，有些人在宗教團體的勸說之下而病情尚未好轉或病情惡化時辦理出院，回家療養。這麼說也許太輕率了，不過，不知道這些觀念是從哪裡來的？或許是某個宗教的人常出現在醫院，在病人枕頭邊拼命地勸病人入教。反之，常有患者或其家屬不堪其擾，而找我們商量「到底要怎麼辦才好？」

我們認為，有些患者其家屬因為在困難的時候接受宗教的幫助，不知不覺中對那個宗教產生信仰。但是，另一方面，為此感到困擾的人更多，對於他們熱心的傳教活動表示抗拒，採取消極態度的人也很多。

這是一般人對宗教的印象，透過訪問看護這個工作，我們和許多的患者接觸，並和他們建立關係，對他們每一個人都有許多的回憶。首先，就從中舉四位患者的故事來探討在看護活動中，護士和患者在宗教問題上有怎樣的關連。

1．從家族信仰中獲得精神支持

首先，我想起了一位老人的故事。他是一位長年患有肺氣腫呼吸器官慢性病的八十四歲的老先生，由於感冒未癒而後引發肺炎才住院急救，當時情況相當危急，醫師替他動了氣管切開手術，幫他接了人工呼吸器，大家都猜測他大概活不了了，但最後卻奇蹟似地被救活了。

雖然最後病情穩定下來，但是在一度危急情況之後，肺功能無法恢復正常，雖然不是身體麻痺，但由於肺部極為衰弱，只要稍微動一下都會呼吸困難，這種狀態一直持續，他幾乎可說是癱在病床上過日子。

「要是再發生一次這種情形，我決不要再這麼痛苦了，我絕對會放棄活下去的機會，不要再住院了。頂多隨便找附近的醫生看病，如果情況惡化了，我希望就可以死在家裡。」就這樣，依照他的意願辦理出院了。

這位老先生雖然和妻子、兒子及媳婦住在一起，但是，老太太無法勝任專業的居家看護，就由我們以訪問看護的形式來協助他們。在這段看護期間，有過一件令我印象深刻的事。

長時間臥病在床使得病人全身都變得十分倦懶酸痛。這位老先生大概也是身體痛得受不了，一天到晚像夢囈般地叨絮著，「好痛呀！我的身體好不舒服！」

一般在這種情況下，國外的臨終看護會大量使用止痛劑來解除身體酸痛的症狀；但在日本，因為擔心大量使用這種藥劑反而會產生其他副作用，而不會任意使用。所以，只有讓這位老先生每天說著「好痛呀！好不舒服！」

有一天，我像平常一樣地為病人做擦拭身體等護理，這位老先生又開始喊著「好痛啊！」在他身旁看著的太太說：

「爺爺，如果身體真的很不舒服，你就大聲誦讀『南無妙法蓮華經』，就會好了！」

接著老太太就大聲地不斷唸道：

「南無妙法蓮華經，南無妙法蓮華經，……」

「咦？有這種事嗎？」正當我質疑這種作法時，患者雖然身體虛弱而發不出聲音，卻也開始動起口來跟著誦唸了。經過了一段時間，老先生終於可以安穩地睡著了。我想，老先生應該是因為跟著誦唸佛經而得以暫時忘記痛苦，安穩入眠吧！

之後，我看過無數次相同的場面，我對老太太說：

「老奶奶，為老爺爺誦唸佛經真是太好了。你們倆一起念經，老爺爺一定也因此輕鬆不少了吧！」

老太太的信心能緩和老先生的痛苦，我感到非常高興，所以我鼓勵老太太：

「以後老先生不舒服的時候，我們就像今天這樣幫他就沒問題了。」接著，老太太說起有關他們夫婦二人信仰的事，她說兩人經常一起到各地的寺廟去參拜，以及他們如何地虔誠篤信佛教等等。

很可惜地，這位患者回到家中療養之後，身體狀況還是每況愈下，不到一年就過世了。支撐了八個月左右，最後能夠順著自己的心願，在熟悉的家裏終老，與家人過最後的一段日子。

若要從這個體驗中整理出身為一個護士所應該完成的任務，我想大概可歸納如下：

「藉由家庭宗教信仰獲得精神支持」可以使病人獲得有效實質的幫助，我們應該加強這種觀念，並且加以鼓勵。

也就是去推動以家族信仰為媒介，來減輕患者身體上的痛苦。

2．宗教問題的共識

第二位患者是四十六歲的女性。

她是因為身體不適而住院的，正在仔細檢查的同時，病情卻急速地惡化，簡單的說，就是還沒開始治療的同時，病情加重了。從患者的角度來看，只會認為院方只是反反覆覆地做一些令人痛苦的檢查，一點也不肯加以治療，病情當然會加重了。她的病情的確是住院之後惡化，家屬有這樣的想法，也是無可奈何的事。

有一天，她說：「不管了！無論如何我都要回家！」但是這個時候她已經必須帶上氧氣面罩才能維持生命；尿液也是藉著管子來排出；而且，又因為她無法自由移動，身上長了一個約有二十公分大的褥瘡，正常收縮壓應該是一百二、三十，她也只有八十左右，用聽診器很難聽到心跳，身體狀況之差，極其淒慘。醫生也勸她：「以妳這樣的情況住院頂多能撐兩個星期，若是在這個時候堅持出院回家的話，後果我可不敢設想了。」

這位女士是與七十五歲的老母、二十三歲的兒子三人一起生活，兒子是某家餐廳的廚師，每天都要工作到很晚，根本不可能來做看護的工作；而她七十五歲的老母也無法全心全意地照料患者，因此，醫院方面非常反對病情惡化的患者回到自己的家裡靜養，但是醫院的想法卻和病患的意願相反，實在相當麻煩。雖然如此，最後還是依病人自己意願，讓她回家了。

後來，由我和另一名護士定期到患者家裡進行訪問看護。我到現在都還記得當時我們每天都因為盛夏炎熱而滿身大汗。有很多像這位病人一樣的重病患者，若是照著他們的願望回家療養的話，病情多少都會點起色。她也是一樣，雖然醫生說住院只能撐兩個星期，她回家都已經五個星期了。

雖是在炎炎夏日，她也只對家人提出想吃西瓜或是想喝茶等小小要求，除此之外，生病的痛苦或是家事等等就很少提起了。我能從她的表情中得知她對於能夠按照自己的希望在家裡靜養就已經很滿足了。

這位患者有一件事最讓我印象深刻。患者本身是一個非常奇特宗教的信徒，宗教名稱我雖然想不起來，但我確定是我從未聽過的宗教，不是佛教、神教也不是基督教。再加上她的兒子是某種新興佛教的信徒；而她的母親的信仰則是家傳的傳統佛教，這個家庭的三個份子成員分別信仰不同的宗教。

聽起來也許會覺得很奇怪，但是我們這兩個每天輪班做訪問看護的護士都會對「喪禮要怎麼辦呢？」這件事非常掛心。因為病人本身的信仰非常奇特，若是不早點準備的話，若有個萬一就來不及了——我們實在擔心太多了。因此，我們常有意無意地對患者的母親提議：「有關信仰的事，還是和令嬡談談比較好吧？」可是兩個人之間一直沒談論過這個問題，就這樣沒有達成共識的情況下，患者離開了人世。

雖然是別人的事，我們當時還是很擔心。不過，在她突然過世之後，我們認為最不可靠的病人兒子卻在此時決定一手包辦母親的喪禮，而且要以自己宗教信仰儀式來舉行。

我們對曾經做過訪問看護的患者在其死後繼續訪問其家屬，這位女士當然也不例外，在她逝世後，又拜訪她家一陣子，雖然都已經過了一個月，她的母親還是非常想念愛女並且常常和我談起一些有關她女兒的事。

逝世的病人都希望死後能睡在自己的房間，於是兒子在她與病魔長期抗鬥的客廳裏做了一個小小的祭壇，老太太說：「這是孫子為母親所做的祭壇，每天晚上我和孫子還有女兒三個人一起睡在祭壇前。」他們令我印象非常深刻。

雖然祖孫三代的宗教信仰都不一樣，但是以兒子的宗教儀式來辦葬禮，過世的母親應該也會含笑九泉吧！這是我們最終對整個事件所做的評價。

但是身為護理人員我還是想告訴各位——盡可能地尊重本人的宗教信仰。

日本這個民族非常重視家庭，但我覺得尊重本人的想法也是很重要。所以應該盡可能地了解本人的想法，而且最好能夠以委婉的方式和病人溝通，否則和重病在身隨時都有可能過世的人商量他（她）的喪禮要怎麼辦，這種尷尬的話題是很難啟齒的。

3．情緒的整理

第三位患者是一位三十六歲的女性。

乳癌手術後再發作，為了要防止病情繼續惡化，動了腎及卵巢的大手術。出院之後，在自己家裡大約過了一年的生活。

病人的丈夫是在自己的家裏開照相機的下游工廠，也就是所謂的家庭工廠。孩子還小，有一個小學五年級的女兒和五歲的兒子，事情已經過了十多年了，當時的觀念和現在不同，醫生吩咐家屬千萬不能告訴病人罹患癌症的事實，因為這樣使得患者發生了很多問題。

這位患者本身原本沒有任何宗教信仰，在神戶的姊姊是非常虔誠的基督教徒，因為擔心遠在東京的妹妹的病情，經常寄《聖經》或寫信勸她加入基督教等等，相當熱心地鼓吹基督信仰，偶而也會到東京來。病情好轉之後，姊姊教會的牧師也順便和病人的姊姊一起探望患者。

我經常聽她提起，我便掛心於她是怎麼想的。她常問我：「我姊姊勸我入基督教，可是，信不信好呢？你認為怎麼樣？」

這個時候，我對於自己是個基督徒的事實、信仰的好壞，以及我自己對宗教的看法等等，隻字不提，而只是盡可能地去傾聽患者自己的想法以及她對姊姊的感覺如何。

這位患者在過世前一個月左右再度住院，她病逝於醫院，在最後臨終時，她的意識不清，不斷囈語般地說一些「把我的點滴拔掉」之類的話，情緒一直無法平靜下來。這時，完全沒有宗教信仰的丈夫在幾乎沒有意識的她耳邊說：

「來，我們一起來唸姊姊教我們的祝禱文吧！主與我們同在！」

她的丈夫拼命重覆著這句祝禱文，

「主與我們同在！主與我們同在！……」

不斷地喚著：平靜下來吧！

這一幕一直停留在我的腦海中，我想丈夫漸漸地開始接受宗教了，所以才會對著意識逐漸薄弱的妻子這樣地呼喚著，是為了要給她精神上的支持吧！

對這位患者，我們身為護理人員所要做的就是「幫助病人正視自己對信仰的想法，並使他能夠清楚釐清宗教」。

經由我的努力，病人自己已經能夠確認自己對於信仰所抱持的態度，也就是說，討厭的話就說討厭，能夠接受的話就接受，一定要依循自己的看法來決定，而我們所做的就是經由溝通幫助她踏出第一步，使她能夠釐清自己的想法。

4．心靈的距離

到目前為止，我舉了三個病人為例來說明我身為一名護士對於看護中的宗教問題有怎麼樣的領會，達成了什麼樣的任務。在我們進入第四位患者的故事之前，我想再稍微談一下第二位患者的事。在我剛提到這名患者時，曾說過在病名告知上有過問題，現在我就想來談談這個問題。

事實上，這名患者有另一個很大的煩惱，而且曾為了這個煩惱無法解決而自殺。那個時候她幾乎已經是無法自由行動，但是她的意識像睡夢病人一般地，穿過洗手間的窗子，爬上屋頂，想從那上面跳下來。最後還是做不到，蹲在那裏的時候被發現的。看起來像是自殺未遂，但實際上是怎麼回事就不得而知了。

就如我前面說過的，主治大夫一直提醒病人的丈夫：

「你絕對不能告訴病人她情況不好，或是有關她乳癌再發作、癌細胞移轉之類的事！」

在我們做拜訪時，患者大概也曾想對我們說她懷疑自己的病情，有好幾次她都想在談話中老實說出自己的感覺。就在這個時候，因為是家庭工廠，她先生馬上就會發現，然後從隔壁的房間趕過來，

「妳們在談什麼事啊？不行，不行！不要談那麼喪氣的話題，要保持心情愉快！」地故意擾亂我們，岔開話題。

雖然有幾次可以深入病情的機會，但我卻逃避開來了。對於這點，在某種角度上我必須

要自我反省。

事實上，病人本身已經察覺到自己病情不樂觀，而想立下遺囑給丈夫。簡單地說，她大概就是因對丈夫的疏離感感到絕望，才會有這些奇怪的舉動吧！結果，她無法達成在自己活著的時候說出遺言的願望。在她死後，整理遺物時，發現她不知何時在大學時代的筆記本上寫下一段話，大家才知道這件事。

在病人過世之後，我們去拜訪她的丈夫時，她的丈夫邊哭邊說：「她不曉得什麼時候寫了這些？」然後把那本筆記本拿給我們看。上面寫著：

「我一直希望，在我死後，你能為孩子找個好母親，為自己娶個好妻子。我也一直想在臨死前對你們說『希望大家幸福地過日子』，可是，你從來就不願意聽我說這些。你距我愈來愈遠……我真的好孤獨哦！……」

看了這些話，她的丈夫一定是傷心欲絕，而我也非常難過。從這個經驗中我學到了很多。

以宗教做為自己的精神支柱的同時，不論是看護人員、醫師或是和看護有關的人，都該找出一個適當的方式告訴病人實情，而且要有勇氣說出實話，這是我從這名患者身上學到極為重要的一件事。

5．信心

看護與宗教的關係上所要舉的第四個例子對我來說是有點痛苦的體驗。

在距今六年前，也就是剛好在我轉到看護協會之後，我在護校的同學，因卵巢癌過世了。那時她大概五十、五十一歲左右，二個兒子都已上了大學，先生比她年長十三歲，我和她從岡山的護校畢業後，就到東京工作，住的地方雖然只相距五分鐘左右的車程，但是，我們卻因為忙碌而很少連絡。

有一天，我一回到家，就聽見電話聲響。心想這麼晚了會是誰？慌慌張張地進到房裏接電話。

「喂！妳可真忙呢！」

電話裏傳來她有點不耐煩的聲音。很久沒見面了，她連聲「妳好」或「好久不見」都不說，突然地被這大聲斥責，我還一時想不起她是誰。

「是我啦！我想要見妳一面。我知道妳很忙，但是請你儘快抽空來我家一趟。」

被她來勢洶洶的氣勢所壓倒，依當時的狀況，我根本說不出「不行！」或「我很忙！」這一類的話。於是，當下就她約好二天後見面。

聽說她不久前才動過手術，我心想「這可不妙！」在去和她見面之前，我打電話給在她動手術那醫院裏工作的其他同學打聽一下情況，據那位同學的說法，在一年半前動卵巢手術時，瞞她說是子宮瘤。但是，最近，脖子的淋巴腺腫了起來，她自己本身有醫學常識，自己做觸診時察覺有異樣，「真的是癌症！」使得她變得非常焦躁。那位同學附加一句說，在那之後，雖然馬上動手術，但已經有腹部積水的現象了。在了解整個情況之後，我才去拜訪她。

一進她家，就看到餐桌放著我翻譯的一本有關末期病人療養院(hospice)的書。「哦！妳在看這本書啊！」我邊說著，有點緊張坐下來。她禮貌性地打過招呼，就開口大聲駁斥地說：

「我自己也做過護士，所以我很清楚自己現在是什麼狀況！」

「可是，在動手術那家醫院工作的同學，還騙我說『妳得的不是癌症啦！妳想太多了。家庭主婦做久了才會這樣疑神疑鬼的』，不過我自己心裏很清楚。」

她的模樣就向是在對我宣誓：「你別想和其他人一樣隱瞞我的病情。」

通常醫護人員在這種狀況下還是會隱瞞病情，可是此時我既不否認也不承認，只是靜靜地聽她說話。對於她究竟是不是癌症這件事，我一個字也沒提，單純只扮演一個聽眾的角色。

「我想，接下來病情加重的話，一定會開始感到疼痛。我不要痛苦地死。你既然會翻譯有關臨終看護的書，這方面一定很清楚吧？可不可以介紹我一些臨終看護中心，我就是為了這個原因才叫你來的。」

她這麼說。但是，在那個時候，日本的第一家臨終看護中心才剛在濱松成立不久而已，別的地方根本沒有。我回答她：

「要介紹妳去臨終看護中心是沒問題，不過濱松太遠了，在東京和家人一起生活不是更好嗎？我會儘我所能幫你的。我不鼓勵你去那麼遠的地方。」

在那之後，我們聊了一些學生時代的往事，聊了許多當初幾個要好朋友的近況，有的去了天主教教會，有的在岡山的聖公會，或是去新基督教會，各個不同的教會都有很多護校學生去，她也常去教會，說不定也去過我待過的教會呢？話題總是以信仰為中心。

以前她就是個很愛看書的人，現在自己生病了一定去搜集各種不同的書來看！我想。她也告訴我：「就如你所知的，我一直是個基督教徒，也常去教會，不過現在不一樣了！我現在改信佛教。」

可是，看來並沒有去寺廟參拜，也沒有誦經。

「我從佛經中得知，死其實就在我們身邊，它一直就在我身邊，只是我一直都沒有察覺罷了。」

然後，她對我說：

「我今年五十歲了，以前的人活到五十歲，已經沒有什麼不滿足的了。我可以活五十年，在這個時候離開也是正常的事。我是真的這麼想的哦！你相信我！」

「嗯！」我回答她。

簡而言之，她想說的就是——雖然我能夠接受即將死之事實，但就是不希望痛苦而死。所以她才會對我說：「無論如何，你一定要幫助我。」

到她過世之前發生許多事，這些我們留到「家人的援助」這個單元再說。

最後，她住進醫院，在她去世前三個鐘頭，我到醫院去看她。那時候，她的家人對我說：「她一直在等妳來。請妳趕快去和她說說話！」

一進到病房，凡事替人著想的她一直對我說「趕來這裏很辛苦吧！」「你這麼忙還……」等話。

我看著她的臉，發現她黑眼球漸漸地往上翻，這表示情況已經相當地惡化，隨時都有可能死去。但是，她還是拼命地想再多說一些，我對她說：

「沒關係，妳不用多說什麼了。妳的想法我已經非常了解了。還是安靜地休息一下吧！我會在這裡陪你，妳不用擔心。」她說：

「我知道，我不會再說了。不過，還有一件事我一直想說，我覺得自己非常幸運地控制了病痛。」

「真的！那很好嘛！」

「可是，還是很痛苦呀！癌症。」

「……」

「所以，我拜託妳，一定要成立臨終看護中心，好嗎？」

這是她對我的最後請求，當時我二話不說就答應她：「好的，我知道了。」

「……拜託妳了！」

「我知道了。……妳放心。」

這成了我和她最後的交談。

針對她的宗教觀，我想大概可整理如下：

「理解患者心靈依歸的宗教，並認同藉此宗教獲得精神依歸患者的心情。」

說真的，其實我曾想問她：「從前我們常一起去教會，為什麼後來會改信佛教呢？」

但是，由於她說信了佛教之後心靈就平靜下來了，所以我想我的工作就是去承認一個事實——現在，對她來說最重要的是佛教。

我們只需對她說：「哦！我了解了，那很好！」

6．消極的角色

到目前我所敘述的例子，都是以我看護的經驗來探討宗教的問題，我只是以個人的觀點，以這四個人為例，整理歸納出一些身為一個護理人員所應盡的責任。

正如你們所知的，我在任何場合上，均不會以自己所抱持的信仰為基礎而積極地和患者談論宗教問題。我們不僅應該尊重患者本身或其家屬的宗教信仰，更該找出對臨終病患有利的方式去和他們接觸，鼓勵重於一切。無論從那方面來說，我們扮演的是消極的角色，今後，若是有機會再從事臨終看護工作，我必然還是以這樣的態度去面對臨終病患。

二、臨終看護中「看護」的目的

接下來，我想就我們從看護的角度從事臨終看護時，除了談談要如何為病人著想，如何去做之外，臨終看護上看護的目的究竟為何來加以說明。

1．提高生活品質(Quality of life)

「提高生活品質」這句話經常被提到，而它誠然也是臨終看護上最重要的一點。生活品質一詞的解釋有很多，但我認為倒不如直譯較為恰當。

「看護」本來就是除了協助醫師治療疾病之外，更包含了「預防患者因病產生新的生活障礙，並儘可能提高病人的抵抗力或消弭生活障礙的機能，使其能正常地生活」。

病人常會因本身的病情急速惡化，壽命相對地縮短，而陷入一種為病情苦思煩惱卻無能為力的煩惱中，這時看護的目的是要轉移病人對病情的注意力，使其將注意力轉移到自己的生活能力上，也就是說，讓病人了解自己還有能力過充實的生活，然後儘可能擴大患者的生活能力；換句話說，看護的工作之一，便是努力去實現患者的心願。

看護的法則

所謂擴展日常生活能力，實際上要怎麼做呢？為了方便各位了解，我想先稍微提一下看護的法則。因為這是一種理論，我們就簡單帶過。所謂看護的法則，就是一概不採用動手術、吃藥等積極的治療方法。

看護的手段

- 飲食・排泄・清潔・穿著・運動
- 商量・建議
- 醫療輔助
- 活用社會資源

總歸來說，看護的手段首先就是在飲食、運動或移動上，簡單來說就是在日常生活的行動上，配合患者本身的需要，運用我們的看護技術加以照料或指導，這叫做照顧。

接著，也就是先前提到的，扮演諮詢及建議的角色。然後，當然就是為了使醫師的診療達到效果而實施輔助診療。

最後就是活用社會資源。這點是為減輕患者經濟上的負擔，幫助其尋求社會福利救助或是幫忙疲於照顧患者的家人找尋助手等，協助其獲得家庭所必須的外來的人力、物力或經濟上的援助。

看護的工作就是包括以上所提的四項工作。

擴展其生活能力

現在回到先前的話題。我想以一位病患為例，為「擴展生活能力」的看護做一個具體的說明。

這位患者在七十歲時因腦出血病倒，連續二十天意識不清，連主治醫師都猜測他可能沒救了，過了二十天之後稍微開始會眨眼睛，漸漸地恢復意識了。在那之後，卻又因為便血、心肌梗塞等等症狀相繼出現，使得他必須繼續住院。

住院時無論如何總是以救命為首要任務，在做延續生命的治療時，發生栓塞，兩腳僵硬，左手麻痺僵硬，右手雖然稍微可以動，但五根手指頭只有三根手指能動。

就這樣過了一年半後，他已嚴重到嘴巴無法吞嚥東西的重度麻痹，這大概是現在醫療界的極限吧，簡單地說，雖然可以藉著治療使意識不清的病人病情穩定下來，卻無可避免地會留下許多嚴重的後遺症。

在這種情況下我們只好從鼻子通管子到胃部，替其注入流質食物，為他補給營養，同時因為他在普通狀態下已經無法順利呼吸，於是將其氣管切開一個洞，裝入插管幫助他呼吸。無論是營養補給用的或是幫助呼吸用的管子，都是一輩子不能拔除的了。就這樣醫院以「病情已穩定，醫院的治療工作也告一段落」為由，在插著管子的狀態下，回家療養了。

回家後家屬面臨了以後要怎麼生活的問題。食物是從鼻子通管子注入，積痰要從氣管插管中抽出，這兩根管子時常要更換。出院後，這些工作便落到他女兒身上，對於不熟練的人來說，是相當麻煩的工作。因為在氣管上插入管子，於是周遭的人只要稍微染上點小感冒，細菌便可直接進入患者的肺部，這麼一來，病人很容易造成致命的肺炎。所以，在家療養的情況下，全家人都得小心翼翼。

最後還是決定回家療養時，主治醫師說：「在這種狀態下回家，大概不到二個月，就會發生肺炎等危險情況吧！」

當時，我剛開始做訪問看護沒多久，心想「醫生說過只剩二個月，若是真的如他所預料的，病人真的結束生命的話就不妙了。」於是我儘可能地想延長他的生命。

看護的目的原本就是為病人延長生命。在方法上，就是保持口腔清潔及避免使氣管用的插管沾染細菌，妥當地為其更換等，這二件事是最重要的工作，剩下的就是注意流質食物的營養均衡，避免體力衰退。

有一天，在病房和辦理出院手續的病人家屬談話時，患者張大了口打了一個哈欠，我告訴他的女兒說：

「您父親打哈欠了！嘴巴張開了呢！」

在患者身旁一年半的女兒居然說：

「沒有，我父親沒有張開口！」

「可是，剛才確實是打了個哈欠……」

就這樣，為了確定，我向病人提出要求：「請你張開口看看！」

可是，患者並沒有張開口。一年半以來，都是閉著嘴的狀態，已經失去自發性開口的能力了。

不過，我還是遵從前面所說的基本方法，為他擦拭口腔。口腔若是不清潔，在其中繁殖的細菌會隨著呼吸入肺部，若是因而引起肺炎就糟糕了，我當時只是單純地為此而想幫他擦拭口腔。但是，若是嘴巴張不開，也只好放棄清潔口腔的工作了。

從他發病起，便把假牙拿掉了，所以在口中留有縫隙。雖然嘴唇開著，可是中間是空蕩蕩的；在麻痺的那一側，嘴唇間有個大約五公釐的開口。所以我想，如果用最傳統的方法在棉花棒上沾一點漱口水替他擦拭，應該可以為他消毒口腔。

於是我把從醫院大樓拿來的棉花棒，沾上漱口水交給患者的女兒說：「妳把這個從麻痺的唇縫中，輕輕地插入，就可以幫他清潔口腔了。請幫他把上下牙齦的內外側都擦拭乾淨，可以的話，一天大概幫他做個五次左右。」現在想起來，這樣的工作對他女兒而言相當辛苦。

二、三天後，因為有事商量，我又去他家拜訪，他女兒告訴我：「自從做口腔清潔後，我父親因為這個刺激，嘴巴能張開了！」

「那麼，請把嘴巴張開看看。」這次我一要求，他馬上開嘴巴了，原本只是打算把他清潔口腔，沒想到因此刺激了他的神經，使他能夠再度張開嘴了。

接著，我們想既然能夠張開嘴，那應該也能發出聲音吧？一般動過氣管切開手術的病人在喉嚨切開後，氣體會從這個洞漏出來因而無法發聲。既然他可以開口，於是我們在插管上舖上紗布，再用手指頭押住，防止氣體外漏，然後對他說：「試著發出聲音看看。請努力試試看。」他隨即「啊……啊……」地發出了一年半以來的第一聲。

大家都為了這件事相當振奮。在那之後便每天如此地做發聲練習，終於他又能開口說話了。

然後，就是手部的復健。到那時為止，手一直握拳無法伸到達喉嚨，摸摸他的手，發現有三根手指頭稍微會動。這過程很長，我稍加省略一下；我們以極簡單的方法練習手指運動。接著他在能張開手指的情況下，試著自己觸摸到喉嚨。這麼一來，一年半以來都不能說話的人，現在可以自己押著喉嚨說話了。幾乎都沒有動過的手，也可以摸到額頭了。不過因為他的附關節已經彎曲了，所以無法再向上伸直。

出院回家之後，說話的機會也增加了。在那時，他已經能用自己的手押住自己的喉嚨表達自己的意志。

我們拜訪他的時候，都會詢問家屬「今天給他吃了什麼流質食物呢？」藉此來計算熱量或營養是否均衡，然後再多方詢問家屬，建議他們「下次加入這個你看怎樣」或者問：「為什麼今天的食量減少了？」營養補給管或氣管插管的清潔，起初是我們幫忙更換的，不過，最後家屬也有能力可替病人換管了。雖然這位患者的腳和一邊的手關節僵硬已無法復原，但是他已經進步到可以用言語表達自己的意志，我們都非常的高興。

此後我們不斷地努力擴展他的生活能力，比如說，用電子刮鬍刀自己刮鬍子啦、搖鈴叫家人來或拉繩子開關燈等等，一些身邊的瑣事他都可以自己完成了。

七十歲發病被醫生斷定只剩二個月的生命，但他在出院之後又如此地過了七年，最後因肺炎而亡。

從這件事我們可以得知，在我們做看護時，不應該只注意患者衰退的地方，而是應該注意到利用看護活動來延伸他的生活能力，應該把焦點放在如何擴展病患的生活能力。將我們所學的看護及生理學的知識融會貫通，利用一些常識，就能導引出病患的生活能力，方法只是非常簡單的常識而已。

我認為這個例子可以讓各位了解到看護所扮演的角色，因此特別在此提出。

如願的喜悅

我們再看一下剛才提到那位自殺未遂的乳癌患者的例子。

這位三十六歲的女性出院時，癌細胞已經擴散到全身的骨髓，而且由於胸部穿上矯正用的緊身衣，在醫院的時候是動也不能動，走也不能走地，全身癱瘓在床上。決定回家接受訪問看護時，主治醫師也曾對我說「請在病床上替她做護理吧！」但是我一直希望她能活得更實際一點，因此，我必須獲得家屬的協助，雖然我苦於無法告訴患者本人實情，患者的丈夫也考慮到「希望讓她剩下的每一天都過得充實」而與我們多方商量。

家裡不同於醫院，洗手間和浴室是在一起的，如果一不小心滑倒的話，後果堪慮，所以我們在浴室裡舖上橡膠防滑墊子，由先生幫她洗澡和沖水。

因為她自己無法動手做菜，把唸小學五年級的女兒叫到廚房，她自己坐在椅子上，告訴女兒「魚要這樣煎」或是「煮的東西要怎樣調味」等等，以母親的角色教小女兒下廚做菜。

她甚至也參加了兒子幼稚園的畢業典禮。

在此我要特別就她參加兒子畢業典禮的心路歷程作一說明；她一直告訴我：「如果我不去參加他的畢業典禮，孩子會很傷心的。做為一個母親，我想要看看兒子穿著畢業禮服的樣子，一眼也好。」

因為無法全程參與典禮，故決定只在兒子上臺表演的時間到場，因此我們問幼稚園的老師確定表演時間。在畢業典禮前的一個星期，為了避免透支體力，她除了睡覺之外，什麼活動都不做，接著便計畫怎麼去幼稚園，因為他們沒有車，患者的丈夫想到用腳踏車載她去，但是，家前面是個碎石子路，騎腳踏車很危險，於是決定先走路直到柏油馬路時再坐腳踏車。

就這樣，確認所有細節的安全性之後，終於完成了去看兒子表演的心願。她從幼稚園回來時，臉上雖露出疲態，但卻也洋溢著完成母親使命的滿足笑容，是非常和藹的表情。

此後，大家努力地商討著如何能夠盡力達成患者本人的希望，並將之一一實現。兒子的開學典禮也去了，小學五年級的女兒的級任導師來做家庭訪問時，用棉被蓋住雙腳，端正地坐在桌前，與老師談論女兒的事情，她也和進入青春期的女兒談生理問題，讓她了解「性」等等，非常了不起地盡到了一個母親的職責。

在她二度住院前的二、三個星期，兒子有個游泳比賽，她在丈夫的陪同下，好不容易來到了游泳池畔，雖只有極短的時間，卻也竭盡全力地為兒子加油。幫助患者完成心願這個目標，看起來簡單但實際上是困難重重；一般人都會考慮到為了不讓病情惡化，應該要好好靜養，如此一來，便很容易地偏向無論什麼事都打消念頭，但是，如果下定決心去幫助病人完成心願，從完成的事情中獲得自信，有時反而會使身體情況變好。所以，我們必須了解病人的狀況，調整日常生活，盡力協助她實現她能力所及的願望。

我認為現在所舉的例子就是所謂生活品質(Quality of life)的真意。和家屬商量如何實現患者的願望，雖然這些事在某方面來說是可能危及生命的危險行為，但卻可以完成她做為一個母親、一個妻子的使命；仔細地和家屬商量如何地調整日常的生活作息之後，幫助她去完成想做的事，同時也一點一滴地擴展她的生活能力，這是提高生活品質，也是臨終看護上看護的最大目的。

2．精神的支持

臨終看護的第二個目標，就是給予病患精神上的支持。它的含意，我已在前一章「從看護體驗與宗教的關係」稍微提過了。

我要強調的是所謂精神上的支持並不是我們本身給予支持，而是幫助患者發現可以支持自己活下去的力量，這是看護特有的職責。我在一次看護經驗中發現關於「病患甘之如飴的存活力量」。

人的堅強與軟弱

我想，應該有人記得幾年前，ＮＨＫ電視臺曾經播放一部頗具爭議性的記錄片；片中描述一位青年版畫家在得知自己得了癌症之後，仍致力於版畫工作，在生命之火耗盡之前，每天過著短暫卻充實的生活。

影片播出之後，報社徵求感想，邀請了癌症中心的婦女主席及其他數人舉辦座談會。會中，那位女主席激動地表示：

「人不是那樣子的！人不可能那麼堅強地走完自己的一生！」

有很多優秀卓越的人在她服務的癌症中心住院就醫。她又說：

「不論是多麼有社會地位的人，也一定會有軟弱的一面，有令他們痛苦的事。他們會向護士吐露心聲，那是必然的，但是，人常常又偽裝成很堅強的樣子。」

「但是，劇中的男主角卻只表現出堅強面給別人看，如果社會形成這樣的風氣，那麼現在處於病痛的人不就會變得更痛苦嗎？這是絕對不行的。」她非常氣憤地說：「事實上，人一定有堅強及柔弱兩面。」

另外，我在日本大學的時候，也曾聽過類似的看法。當時，有一個名為「臨終看護會議」的集會，現在也還有，會中醫生、護士和社會工作者會就如何看護住院中的臨終患者、如何改善他們的生活等議題加以討論，在某次的集會中，有人舉了一個癌症患者為例。

這位患者是個開業醫師，他拜託他的年輕主治醫師一定要把前一天的檢查結果拿給他看，所以病人看過全部的X光及血液等的檢查結果，之後，他會和主治醫師討論：「病情怎麼惡化了?」、「今天的情況是這樣子。」他非常冷靜地接受自己病情，而且會從客觀的角度來看待自己的病；例如他會對妻子說：「我大概還有二個星期就可以出院回家了，因為二個星期後就死了，所以可以回家了！」

這位患者的主治醫認為：

「病人實在太冷靜了，我真不知如何應付。在這種情況下，主治醫師要怎麼做才好呢?」他在臨終看護會議中提出了這個例子。

大多數與會的人都認為：

「這位患者真是了不起啊！這樣不是很好嗎?醫師其實可以不用擔心太多。」

就在這時候，經常來參與研討會的一位精神科醫師開口問：

「真的是這樣嗎?那位患者也是以相同的態度對待護士嗎?」

護士開始回想：「嗯?大概是吧?好像一直都是這麼沉著冷靜呀！」或是「嗯?是和對醫生的態度一樣嗎?」

其中有一位護士說：「不，我曾經碰到不一樣的情形！」

這位護士回憶說：這位患者本身是醫生，很清楚自己的病情，他希望在臨死前儘可能地過充實的日子，所以每個星期六都回家，也就是外宿。家屬通常會在傍晚來接他，護士只要負責用輪椅把患者推到玄關；有個星期六，我照例幫那位患者扶上輪椅，送他到走廊時，他有點寂寥似地說道：

「今天不曉得會不會是我最後一次外宿了？」

那位精神科醫師聽了這段話便說：

「各位，他的態度果然是不一樣，雖然他是個了不起的病患，但是在護士面前還是會表現出不同的一面，這樣很好。」

人們常說「醫師扮演的是父親的角色，護士扮演的是母親的角色」。一個對母親撒嬌任性、表現出柔弱一面的孩子，在面對父親的時候仍然可以表現出剛毅的一面，人一定都有剛毅堅強和柔弱這兩面，所以人可以堅強活著，也可以活得非常有尊嚴，這個例子使我們學到一件事：

「護士應該扮演可以接受病人柔弱面的角色。」

這點對於從事臨終看護的看護人員來說非常重要。患者真正想表現出來的情緒是憤怒或不安等，我們若是能幫助他們坦然地表現出自己內心真正的情緒，也算是給他們精神上的支持了。我們應該要讓患者能實實在在地表現出心中的喜、怒、哀、樂，表現出自己原有的柔弱的一面。的確，有時候當我們遭受到病患發洩心中的怨氣時，會想「為什麼我非要受這種罪?」不過，只要想到這是病患一種弱勢的表現，我們只需好好地傾聽就好!這一點非常重要。看護上精神支持絕對不同於一般鼓勵或是說些好聽的話，病患精神上的支持是看護的一大重點。

3．減輕身體的痛苦

看護人員第三個職責是——減輕身體上的痛苦。這點在前面已經說過，護士不需用積極的治療方法，對於患者的病痛不可以自己決定藥物或注射麻醉針劑等，必須接受醫生的指示，並在指示範圍內給予治療。

協助治療

不過護士可以正確地觀察病人實際上是因為什麼原因不舒服，或是用藥在什麼程度下可以止痛等等，提供病況給醫生，由醫生決定如何控制疼痛。

舉個例子，在剛才提到的臨終看護會議中曾有人提出這個案例。有個患者，雖然醫師不斷提高止痛劑量，但他卻說疼痛並未減緩。大家相互討論看是否還有其他異常現象時發現，這個患者一到晚上便按鈴呼叫值班的護士，護士去看時才知道，這位患者並沒有什麼特別的事，只是想聊聊天而已。如果只是稍微和他聊一下，然後跟他說「已經很晚了，好好休息吧」，他一定馬上又按鈴呼叫，一個晚上就一直重複著。

最後我們討論的結果是這位患者的情緒相當低落且焦躁不安，於是試著用抗鬱劑或鎮痛劑來使他情緒平靜安下來，並且減少止痛劑藥的量，果然是情緒低落和焦躁不安造成他疼痛不已。

二十四小時看護患者的護士可以敏銳地觀察到病患的改變，然後和醫師商討目前病況，提供醫師在斷定患者病情的重要資訊，進而選擇最適切的治療方法或藥劑。

因此，從事看護工作時，與其積極、直接、一針見血地解決問題，不如觀察病人來得有效間接地達成任務。也就是把握住二個重點：

「把握病人痛苦的真正原因。」

「藉由鎮痛效果的正確判斷以及提供醫師情報，提供適當的用藥。」

正確了解藥效及疼痛的原因並傳達給醫師知道，這點對止痛及增進療效有極大的貢獻。

無痛的護理

現在的護士很難做到無痛，也就是在護理時不讓病患感到疼痛。

相信大家都有過這種經驗，在止痛藥開始作用時，患者終於從疼痛中解放而昏昏沉沉地睡著了，偏偏這個時候恰巧要量血壓或體溫，我們必須碰觸患者的身體，卻因此把熟睡中的病人吵醒了。

我們常常想難道就沒有別辦法嗎？我們非得在病人熟睡時量血壓和體溫嗎？當然，這些事必須和主治醫師研究。我認為為了減輕患者的痛苦以及讓病人靜養，該有所改變的地方就必須有所改變，否則無法做到真正的看護。若只是單方面地堅持既定的規則或是指示，那麼，原本應該是用來緩和患者痛苦的看護，反倒增加病人的痛苦。

在此順便一提，去年十月左右，我因為公事到一家臨終看護中心，在那裡完全不替病人量體溫或血壓，而是盡力地幫助病人完成他們想做的事，我想這是臨終看護工作今後必須努力的目標。

4．援助家屬

對臨終看護來說第四件重要的事就是「援助家屬」。這雖然是一件稀鬆平常的事，但是援助家屬的方法有很多。

心靈的橋梁

看護者必須扮演患者和家屬之間溝通橋樑的角色，這點非常重要，而且是一件看似簡單實則困難的工作。

我們再回頭看看剛才我同學的那個例子。在我接到她的電話之後，去她家拜訪時，他丈夫到玄關來開門，但是在我和朋友談話當中，一直不見她丈夫的蹤影，家裏也是靜得讓人不得不懷疑：「咦？她的丈夫去哪裡了？」當我說「那麼，我下次再來。」準備離開時，她的丈夫一直都沒有出現，為此我有點擔心，在玄關話別時，特別問她：

「妳先生呢？」

「別提那個人了！」

「咦？」

「他很討厭談這些事情，每當我提起生病的事，他一溜煙地就跑掉了，所以我現在已經無法和他談什麼了。」

這樣怎麼得了！這使我想起有一位太太因為和丈夫逐漸疏離，最後絕望而死的事，我不能讓這種悲劇重演，所以隔天便打電話到她丈夫的公司，希望可以約他見面。

於是我找了一位朋友當陪客，三個人一塊吃飯。

「誰都不喜歡聽消沉晦暗的話，不過，對您太太來說，現在可是非常重要的時刻！」

「您太太非常希望能和您好好談談。無論如何請您多加忍耐，聽聽她的心聲，好嗎？我希望您能打起精神，努力地嘗試和她溝通。」

那時，我又拜託她丈夫二件很重要的事。其中一件是：

「也許您太太想交代遺言，並不是說完遺言之後情況馬上就會惡化而死，所以，如果她真的想交代些什麼事，就請你靜下心來聽她說。」

有很多人會以為立下遺囑之後，病人會馬上死亡，所以對立遺囑這件事心存著不祥，我看到很多情形都是病人只要一提到遺言之類的話題，家屬便完全相應不理，採取抗拒的態度，因此我常會和家屬說：「聽聽他的遺言，無傷大雅！」只要家屬能安心地傾聽患者的遺言，患者本身也可以說自己想說的話，反而能使病患心情平靜下來，病情也可好轉。

第二個要求是：

「她僅剩的這一段時間，對她的人生來說是一段非常重要時刻。所以，不要只想到『她就快死了！怎麼辦？』而要努力地在剩餘的這段時間多留下一些快樂的回憶。」然後，我問他：

「如果她身體健康，你們兩個想做什麼呢？」

「我工作的航空公司，有規定依照一定年資可以領用相對的機票，再過兩年，我就能獲得環遊世界一周的機票，到時候我想和她一起去看看在美國留學的兒子。」

「真好！這是個好主意！不過，如果她還能再活兩年就好了。我想對您太太而言，現在這段時間相當寶貴。所以，就算是自掏腰包也好，儘早和主治醫師商量，找個最適當的時機帶她出去旅行！」

「您太太喜歡戲劇，帶她去看戲也不錯呀！反正什麼都好，她現在想做、能做的事，一件一件地去完成，多製造一些美麗的回憶。」

她的丈夫真是個有心人。我厚著臉皮對他提出一些要求之後，他真的非常努力地傾聽他太太的心聲。

太太去世後，我去給她燒香時，她的丈夫告訴我：

「她交代了好幾次遺言吶！」

「最後還對我說『在衣櫃的第幾個抽屜裡有一套和服，我死後希望你幫我穿上』、『我希望，在我死後，你一定要讓我穿著那件有蝴蝶圖案的和服入殮』。」

「在她過世之後，我趕回家找那套和服，果然在她所說的地方找到了。她不曉得在什麼時候瞞著我去買的。」她的丈夫說到此便會心地笑了。遵照著她的遺言，讓她穿著那件和服。她長得很漂亮，我想，那件和服一定很適合她。

在她過世了一段時間之後，我和她丈夫又碰了一次面。他說：

「我打電話給親戚，大家都說經常看到和那套和服圖案極相似的蝴蝶在附近飛來飛去。大家都說『這一定是你太太的靈魂啊！』」

聽完他這番話，我十分地感動。

一切都如她所願，丈夫能夠了解她的想法，甚至也能夠聽她說遺言，在她死後，這些反倒成為她丈夫的回憶。「她能夠嫁給你這麼好的人，我想她一定非常欣慰吧！在她逝世前能夠和她好好談談，真是太好了！」我真的非常高興當初他丈夫能接受我的建議。

不是每個家庭都可以這麼順利。我總是規勸看護工作者一件事：為了成為患者和家屬之間的橋樑，我們一定要根據不同的狀況勇敢地跨出第一步，多和家屬溝通，並且支持鼓勵他們。

病情與不安成反比

接下來要談的可能稍微離題。患者不安的情緒加重的時期，其實病情沒有想像中嚴重。而是在病情加重時，周圍的人往往會隱瞞病情，擔心「萬一病人知道實情的話，一定會感到不安。」因此，患者根本不知道狀況，也不會不安。

在一本有關臨終看護的書裡提到，病情和恐懼成反比，病情加重時恐懼與不安減少；反而病情輕微的時候，不安的傾向反而較強烈。回想剛才我那個朋友的情況也是如此，頸部淋巴腺有硬塊，動手術取出頭部的硬塊後，她還過一般家庭主婦的生活，在病情不嚴重的時候，她反而擔心許多瑣事，或者想到臨終看護中心去等死，因此病人的情緒就會越來越複雜。

一般來說，護士和醫師在患者病情不嚴重時，聽到他們問東問西，大都會鼓勵病人：「有什麼好擔心的！不要擔心，我們一起努力把病治好，沒多久就會恢復！」

如此一來，有時會造成患者和醫生的距離拉遠，不管別人怎麼說，患者都三緘其口，保持沉默了。所以說，接受不安的情緒是非常重要的問題。

處理不安的情緒

我在此對處理家屬不安這一點再做進一步的說明。

從事醫療的人，接觸死亡的機會很多，但是，一般人幾乎沒有接觸瀕死的人的機會，最近這種現象更是明顯。

我剛才提過的，那位照顧四十六歲女兒的七十五歲老母親也是如此。那位母親自己不曾親眼目睹死亡，因此，在女兒情緒變得不安的時候，這位母親自己心裏也相當慌亂。

做訪問看護時，我們會具體地告訴病患及其家屬死亡就是「進入一種睡眠狀態，最後斷氣的時候就像是一個人沉睡的樣子」。

另外一個乳癌患者察覺到自己的病情漸漸惡化，於是她問一個因乳癌逝世的病患母親：

「您女兒過世的時候是什麼樣子?」那位母親的回答是我始料未及，她說：「我女兒的癌細胞擴散到腦子，臨終時，受不了痛苦『啊！』地尖叫而死。」

這個患者聽了這段話後，變得非常的恐懼緊張。聽說她還一個個地打電話給數十個乳癌患者，在電話中向每個人哭訴自己的不安長達幾十分鐘之久，因此我們藉著訪問看護的時候，向她好好地詳細說明死亡並不是你想像的那麼痛苦，最後她終於了解死亡了。

家屬常常會因為病人有尿失禁、打鼾似的呼吸聲或者患者喘氣似的呼吸狀態而緊張不已。所以，我們應該要對家屬做詳盡的說明，比如說尿失禁或是打鼾似的呼吸聲是什麼狀況引起，不是病患因為不舒服而故意發出的警訊，我們必須讓家屬充分理解所有的狀況。

具體地和病人談論身體的變化，以及說明死亡，雖然過程會感到痛苦，但是最後臨終時，他還是會安穩地進入睡眠狀態而死，我們要讓病人了解一切狀況。不只是病人，家屬方面也有很多不懂之處，所以，詳細了解家屬不安的原因，然後再針對他們的不安加以解釋說明，這是給家屬及病患最重要的協助。

病人過世的時候訪問看護者不一定能夠隨侍在旁。如果遇到這種情況，可以事先具體地告訴家屬呼吸聲音會如何變化，呼吸時會動下顎或是手腳一下子變冷、臉色也會稍微發紫、或是脈搏會有什麼變化等等許許多多死亡前的徵兆；還有，必須提醒家屬如果遇到這樣的狀態時，必須連絡附近常去看病的醫師過來，再細心點的護士會把這些事寫在紙上，放在家屬看得到的地方。

以我自己做看護的經驗來說，「做家屬的支柱」雖然是簡單的一句話，範圍卻非常地廣泛，具體地說，我剛才說的這些瑣碎的事也包含在內。

死別後的支持

雖說在患者死後，支援家屬是理所當然的事，與其說是支援，倒不如說是去聽聽家屬的心聲。我們通常都在患者死後一個月之後才開始做拜訪，在此之後也必須盡力地和家屬做心理上的溝通。

不過，有些家屬在患者死後一個月左右還是不願意談這些事。例如，親眼目睹最疼愛的獨子痛苦而亡，雙親是無法立即接受這樣的事實，這個時候我們就必須小心地選擇訪問的時機。

順道一提的是，聽說英國的臨終看護中心會在患者第一年的忌日的時候，寄明信片給家屬，內容決不會滿滿地寫一堆，只有一行字：

「在臨終看護中心工作的我們，經常會想起你們。」

有些家屬接到明信片之後非常感動，有些人會到看護中心來，或者來電、回信等等以表感激。

經過一年，家屬的情緒已經穩定下來，也許是個可以重新懷念逝者的最佳時機吧！

5．總結

以上，是我對從事看護、照顧臨終病患時，應該抱持什麼態度，如何幫助他們所做的概略討論。如果對各位在看護工作上多少有些助益的話，我深感榮幸。

最後我想以簡單的幾句話來說明看護者本身的宗教、宗教與醫療之間的關係。

看護者與宗教

在看護的工作中，常提到「心理上的、精神上的援助」，宗教正是這種心理上、精神上的援助。如果用我們剛才所談論的內容來歸結在看護上，我們護士對宗教的態度應該是：

「尊重患者及其家屬的信仰，因應其需要來扮演自身的角色。」

我認為無論你是如何地替患者著想，病患如果沒有這樣的需求，也就是說，不是患者本身或家屬的需求的話，在看護的立場來看，你的所做所為稱不上支持。

一個看護人員本身若有信仰，當自己遇到許許多多的問題時，就有精神依靠，能夠安定自己的心靈，這麼一來，也容易做好看護的工作。

我有一次非常特別的經驗，一位信基督教的女病患非常慌張地拜託我：「我雖然信基督教，但是沒有特定的教會，你們可不可以幫我找一個牧師來，任何牧師都可以……」

當時，我正要去看護學校上課，於是便將她的要求告訴那棟大樓的護士長，護士長一聽便拒絕：「我無法做這種介紹！」

按照醫院的規定是不可以插手任何有關宗教的事，於是我只好以個人名義委託朋友介紹一位牧師來與她見面。

從事醫療的人有著各種不同的信仰，擁有個人的宗教信仰不是什麼大不了的事，但是有些人利用看護或診療工作之便，向患者傳教，講得難聽一點，也可以說是強迫接受。信仰是個人心理的問題，當一個人有被強迫接受某種宗教時，反而會產生反感。實際上，病患經常向醫院抱怨有些醫護人員利用醫療之便進行傳教，或者住院的病患之間也會互相傳教，這造成了許多人的困擾。

為了防止這種糾紛，有很多醫院均明言規定，醫療人員不可插手任何宗教，大家謹守這項方針，將宗教從診療及看護活動中分離。

一般而言，除了基督教醫院之外，其他宗教相關人員想要到醫療機構鼓吹宗教，或者是到醫院傳教等等，根本是不可能的事。這意味著在自家療養的病人或家屬們有較多的機會可以深入了解宗教。

結論

現在，有幾位看護人員組成一個團體，計劃要在不久之後成立一個末期病人•家庭看護療養院。將訪問看護這一個系統，以醫院為基礎，推廣老年人在家看護的觀念，使全國各地的臨終患者都能享受到充分的看護，我想這大概還要相當的時間才能達成理想。

另外，我們也常聽到癌症患者的家屬不信任看護，而使得病患想回家卻不能如願，因此我們應該努力以家庭看護的方式來進行末期療養看護；不過，目前並沒有任何有關如何實現這種想法的知識與資料；資金、組織、人才等具體的看護內容不足的話，會有堆積如山的問題等待我們去解決。我目前暫不管這些問題，為了實現我和去世的朋友的約定，我正努力不懈地學習如何去實現末期療養家庭看護的理想。

現在，我很期盼能聽到有人已經開始從事這方面的工作，因為這樣會讓我覺得還有人和我有一樣的理想，我並不孤單。

（前財團法人看護協會常任理事）

作者簡歷

阿爾芬思·德根

一九三二年生於德國
現為日本上智大學文學院教授
主要著作：《第三人生》、《未來人間學》

早川一光

一九二四年生於日本愛知縣
畢業於京都府立醫科大學
現為醫療法人崛川醫院顧問
主要著作：《醫生日記》、《痴呆110號》（編）

寺本松野

一九一六年生於日本熊本縣
畢業於熊本大學附屬醫院護士養成班
現為聖母醫院教育長
主要著作：《看護中的死亡》、《此刻我在你身邊》

季羽倭文子

一九三〇年生於日本愛媛縣
畢業於國立岡山醫院附屬高等護士學校
現為臨終看護研究會代表
主要著作：《現在亟需的看護》（編）、《死亡看護》（譯）

生死學叢書書目

揮別癌症的夢魘

羽生富士夫／著
何月華／譯

癌症是現代人健康的頭號殺手，您對癌症認識多少？癌症等於絕症嗎？不幸罹患癌症的話，要如何面對死神的挑戰？具有「上帝之手」美譽的日本名醫，以他個人的切身經驗，懇切地告訴大家，以知識對抗癌症的重要，以及許多與癌症有關的預防、醫療等方面正確的觀念，是重視保健與生命品質的現代人必看的著作。

無生死之道

盛永宗興／著
郭敏俊／譯

面對人生的生老病死，您作何感想？對於世間一切的生生死死、死死生生，感到迷惑不解嗎？請聽日本著名禪師盛永宗興娓娓道來，以生活化、深入淺出的例子，帶領我們參透生與死的迷霧，體會「一期一會」、「遊戲三昧」的生命哲學，活在每一刻當下，生死將不再是人生痛苦的代名詞。

凝視死亡之心

岸本英夫／著
闞正宗／譯

本書是日本已故宗教學者岸本英夫與癌症搏鬥十年的心路歷程。當獲知罹癌，並被宣判只剩半年壽命後，他除了接受必要的手術治療外，也開始思索生命的本質，並陸續寫下手術前後，他在死亡威脅下的心理調適和哲理思考，他也因此將肉體生命從半年延長為十年。這其中艱苦的奮鬥歷程，句句珠璣，斑斑血淚，值得品味。

美國人與自殺

赫華德·庫盧諾／著
孟汶靜／譯

本書從心理、文化的角度探討美國人的自殺行為，並以十分具有啟發性的方式，陳述出過去三百年來西方社會對自殺行為的探索過程。作者成功地綜合了西方各學派分歧的自殺行為理論，而發展出一套嶄新且具有說服力的論點，在心理與歷史學界贏得極高的評價，對研究早期華人移民的自殺行為亦有助益。

宗教的死亡藝術

肯內斯·克拉瑪／著
方蕙玲／譯

本書以比較性、宗教性的方法，探討世界主要民族與宗教關於死亡、死亡的過程以及來生等等課題所採取的態度與做法。讀者將可發現，書中所列舉的每一項宗教傳統，都在指導它的實行者，不僅在死亡前，同時就在死亡的片刻裡，就能技巧地掌握死亡。死亡可說是一門牽涉到肉體死亡與再生經驗的宗教性藝術。

禪僧與癌共生

鈴木出版編輯部／編
徐明達
黃國清／譯

一位因罹患癌症而被宣告只剩三年生命的禪僧，如何活在癌症的病魔下，如何掌握人世間的生死，將餘生投注在什麼地方？本書即是與已故荒金天倫老和尚（日本臨濟宗方廣寺第九代管長）交往過的人，藉他們的證言撰集而成的報導文學，將老和尚以三年餘生充實為精神上三十年的生命風采，再度活現於紙上。

死亡的科學

品川嘉也／著
松田裕之
長安靜美／譯

人為何一定得經歷死亡？老年是否真的是人生的累贅？「腦死」就意味著「死亡」嗎？……這些疑問，在本書中都有詳盡的討論與解答。作者從生物學的角度出發，探討與生物壽命有關的種種議題，進而提出人類面對生死問題時應有的認識與態度，是一本將死亡學提昇到科學研究的難得之作。

死亡的真諦

小松正衛／著
王　麗　香／譯

當被問到：「如果人生可以重來一次，你希望擁有怎樣的人生？」多數的回答可能是出身好家庭，擁有高學歷，事業穩固，平安幸福過一生。但本書作者卻說：「世間非常艱苦，人生難行，但一路行來的人生，我還想再走一次。」是什麼樣的經歷與啟示，讓他如此達觀？請隨著作者一路前行，游入古聖先知的智慧大海……。

輪迴與轉生

石上玄一郎／著
吳　村　山／譯

「生死事大」，為了探究它，各種哲學與宗教已提出了許多答案，「輪迴轉生」便是其中之一。這種思想出人意料地貫通東西方，幾乎發生於同一時代。它的起源如何？呈現出那些面貌？果真能解決「生死」問題嗎？這些在本書中都有廣泛而深入的探討。

生與死的雙重變奏

齊格蒙·包曼／著
陳正國／譯

意識到必朽（死亡）與對不朽的追求，深深影響著人類的生命策略。人類社會建制與文化面向的型塑過程中，更存在著「解構」必朽與不朽的辯證和互動關係。而在「現代」和「後現代」社會，這種「解構」又出現了有別於「前現代」的許多變奏。且看包曼教授如何透過集體潛意識的心理分析，從不同角度詮釋「死亡社會學」。在必朽與不朽之間，您將重新認識現代人的社會與文化。

透視死亡

大衛·韓汀／著
孟汶靜／譯

本書所探討的論點，主要有下列幾點：一、在什麼樣的情況下，個體才算死亡？二、末期病人有沒有權利決定自己的生與死？三、器官捐贈能不能得到社會大眾的認同，進而成為一件普遍的事？作者以平鋪直敘的方法，為每一個論點作了總整理，提供讀者許多寶貴的資料與觀念，在臨終與死亡尊嚴等議題的探討上，能有進一步的認識。

看待死亡的心與佛教

田代俊孝／編
郭敏俊／譯

本書由八篇演講記錄構成，內容包括親人死亡的感受、個人的瀕死體驗、對死亡的心理準備、佛教的生死觀等，發表者有僧侶、主婦、文學家、醫師、佛教學者等不同人士，從各個角度探討死亡問題。正如主辦演講的日本「置死探生研討會」宗旨所示，如何在老、病、死的人生當中，正視死亡的事實，學習超越死亡的智慧，讓人生更加充實，是現代人的切身課題，值得大家一同來探討。

生命的終結

阿爾芬思·德根
早川一光
寺本松野
季羽倭文子／著
林雪婷／譯

在面對末期病患或臨終的人，甚至是自己生命的終結時，我們能做些什麼？該做些什麼？是本書所要探討的主題。四位作者分別從死亡準備教育、醫療與宗教、臨終看護等專業的角度，提供他們寶貴的經驗與意見，是關心此一議題的讀者最佳的參考。透過討論死亡，了解死亡，我們的生命必能更加美好。

從容自在老與死

日野原重明
早川一光
信樂峻麿
梯實圓／著
長安靜美／譯

隨著高齡化社會逐漸到來，種種老年心理與生活的調適、老年疾病的醫療、安寧照護等等問題，一一浮上檯面，這也是每個家庭和個人都要面對的問題。本書從接受老與死、佛教的老死觀、老年與疾病、末期照護等等角度，提出許多觀念與作法。藉由思考生命末期與老和死的種種課題，期望每一個人都能獲得一種從容自在的智慧與人生。

生與死的關照

村上陽一郎／著
何月華／譯

死永遠超越我們人類的「理解」，人類如果不能體認這個事實，醫療便會陷入「器官科學」的窠臼之中。作者透過對現代醫療種種問題的根本探討，如醫院內部感染、器官移植、安樂死、腦死、告知權、愛滋病等，重新思考生為何物？死為何物？什麼才是正確的醫療？觀念新穎，析理深刻，是您不可錯過的一部「現代醫療啟示錄」。

超自然經驗與靈魂不滅

卡爾·貝克／著
王靈康／譯

自古以來，人類對來生的想像便不曾中輟。「第六感生死戀」、「穿越陰陽界」等電影的風行，正反映現代人對轉世與投胎的濃厚興趣。但西方的唯物論和科學主義卻斥為迷信，到底孰是孰非？本書即透過科學化的研究，深入探討死亡過程的異象與靈魂不滅的假設。當肉體生命結束後，人類某些「重要特質」會繼續存在嗎？本書有您想知道的答案。